디지털 음향기술의
멀티채널 스피커 시스템 설계

디지털 음향기술의
멀티채널 스피커 시스템 설계

스피커 유니트의 특성과 기능을 향상한 스피커 시스템 설계

● 권오균 지음

한국학술정보[주]

|머리말|

    인류의 문화는 보고 듣고 느끼는 것을 중심으로 발달되어 왔다. 우리 일상에서 산모가 태교를 하는 것을 보더라도 책을 읽어주고 음악을 들려주고 얘기를 하는 등의 소리를 전달하여 서로 감정을 느끼고 표현하기도 한다. 심지어 음악을 들려준 꽃과 과일, 야채들은 색상과 싱싱함이 좋아지기도 하여, 농업, 원예업, 수산업과 축산업 및 동물원에서도 음악을 통하여 생물을 우수한 품종으로 생산 관리하는 효과를 얻고 있다. 소리는 우리 일상에서 보이는 영상의 중요함과 같이 소중한 부분을 차지하고 있는 것이다.

    극장에서 납량특집같이 귀신 나오는 무서운 영화를 볼 때나 웅장하고 박진감 넘치는 영화를 감상할 때 화면만 나오고 사운드가 제공되지 않는다면 영화의 무서움은 물론 감동을 느끼지 못할 것이다. 많은 사람들은 무서우면 눈을 가리지만 귀를 막는 것이 더 효과를 얻을 수 있다. 소리는 효과음을 비롯하여 전체적인 영상과 같이 기억에 남아 소리의 높이나 소리의 세기, 그리고 음색 등으로 구별하여 추억으로 기억하게 된다.

    1979년부터 현재까지 산업현장에 근무하면서 수출용 오디오 시스템을 개발, 설계, 생산하였다. 대부분의 음향서적은 제조 현장에서 사용하는 서적이라기보다는 외국서적을 번역하거나 이론적인 내용으로 구성된 것이 많을 정도이다. 이미 만들어진 소재와 제품을 가지고 청취 환경을 구성하고 설치하고 평가하는 경우가 허다하며 오랫동안 오디오 및 스피커 시스템을 개발하면서 많은 개발자들과 일을 하면서 느낀 것은 회로 개발, 기구 설계, 유니트 설계 등의 자기 전공기술에는 매우 전문적이지만 시스템으로 구성하면 원하는 사운드가 재생되지 못하는 경우가 많다.

음향은 스피커 시스템으로만 결정되는 것이 아니다. 재질이나 소재 그리고 기존의 경험을 바탕으로 설계하지만 음향 시스템이 디지털 환경으로 변화하는 사회에서는 새로운 사운드의 포맷과 디지털 음향을 보다 충실하게 재생하기 위한 유니트의 개발과 회로 설계의 기술에 많은 노력을 해야 한다. 위상차의 변화를 주거나 중 고음대역의 주파수를 이용하는 정도의 기능으로 새로운 음향 기법이라고 하기도 하고 다양한 기법이 발표되지만 실용화되지 못하는 것은 기초적인 기술이 부족하기 때문이다.

많은 음악이나 음원이 디지털로 조합되어 기본 스테레오 이외의 디지털 멀티채널로 발표되고 복잡한 시스템 구성을 요구하게 된다. 안정적이고 강력한 파워로 시원한 박진감을 느끼게 하는 아날로그 시스템과 마치 몸으로 느끼고 눈에 보이듯 움직이는 듯한 멀티채널의 디지털 음향 시스템을 개발하여 기존의 청취환경이나 사용자 위주의 여러 가지 문제점을 해결하고 보다 효율적인 시스템을 설계하며, 앞으로 미비한 내용을 연구개발과 실험결과를 바탕으로 개정할 것이며 지속적으로 보완하도록 할 것이다.

이 책이 완성되기까지 도와주신 경희대학교 정연모 교수님께 감사드립니다. 바쁘신 중에도 조언을 해주신 전계석 교수님, 예윤해 교수님, 서덕영 교수님, 홍상훈 교수님과 많은 지원을 해주는 후배 과학자 조내현 박사, 송태훈 박사, 송문빈 박사, 백승일 박사, 이승홍 박사에게도 감사를 드린다. 국내·외 유명 스피커 시스템을 OEM 개발 및 생산을 위해 불철주야 연구하는 한국스프라이트(주) 부설음향공학연구소의 연구원들과 중국법인 책임자 Mr Joseph Sun을 비롯하여 늘 수고하시는 Sprite Electronics Inc. 임직원들에게도 감사드린다.

본 책이 대한민국 전자과학 발전을 위하여 대학에서 공부하는 공학도는 물론, 산업체에서 신기술 개발에 노력하고 신제품 생산에 수고하시는 엔지니어 선후배께도 이론을 기초하여 실무적으로 다소 도움이 되길 바란다.

2008년 7월
권오균

|목 차|

제1장

서 론

디지털 홈 시대에는 가전 기기의 디지털(digital) 환경이 고도화 되고 인터넷 등을 통해 다양한 정보 서비스를 제공하여 언제 어디서나 네트워크를 연결하면 디지털 라이프가 실현되고 있는 것이다. 통신, 가전, 방송 등을 통합하는 정보 가전 시스템의 방송 분야에서 디지털 오디오(digital audio)시스템을 요구하고 있는 것이다.

2010년 이후 부터 국내의 방송 시스템을 아날로그(analog)에서 디지털(digital)로 변환하겠다는 정부의 정책에 따라, 디지털 오디오 개발은 디지털 방송의 보급 및 활성화에 중요한 역할을 할 것으로 예상한다. 디지털 TV 방송은 고 화질 영상과 더불어 돌비 디지털(Dolby Digital)로 압축된 디지털 입체 음향 신호가 같이 방송된다. 일반 형 TV와 오디오에서는 디지털 음향을 수신하여도 5.1채널 이상으로 재생하는 기능이 없어 스테레오로만 감상 할 수 있다.

디지털 음향 기술을 이용한 7.1 채널 홈시어터 스피커는 공중파와 지상파 등에서 방송되는 음향을 원음의 손실 없이 재생하는 성능을 가진 것으로, 이를 사용하면 고화질의 영상과 함께 원음의 충실한 재현을 이룰 수 있고, 그 결과 홈 디지털 서비스의 만족을 기대 할 수 있게 된다.

디지털 TV 또는 DVD(Digital Video Disk) 플레이어로 부터 압축된 디지털 신호를 입력받아 처리하며, 추후 네트워크(network) 기능을 추가하여 동작 상태의 모니터링 및 유·무선 통신에 의한 제어도 가능하게 할 수 있다. 디지털 방송은 영상과 음향 데이터의 구분 없이 한 가닥의 디지털 라인을 통하여 정보가 전송되며, 영상과 음향 이외의 부가적인 데이터까지 추가 될 수 있다.

위성이나 지상파 디지털 방송의 음향은 AC3(Audio Codec 3)의 돌비 디지털 음향을 표준 규격으로 정하여, 기존의 일방적 스테레오 방송에서 혁신적인 변혁을 이룬 시스템으로 고음질을 제공한다.

본 연구에서는 기존의 아날로그 음원을 디지털 신호로 변환하고 디코딩하여 채널별로 증폭해서 스피커로 출력하는 복잡한 처리 과정과 달리, 디지털 방송에서 전송되는 음향 신호를 S/PDIF로 수신하여 디코더에서 음을 분리한 다음, 채널별로 분리한 음을 디지털 앰프를 거쳐 스피커로 출력하는 돌비 디지털 음향 기술의 7.1채널 홈시어터 스피커 시스템을 설계 하였다.

디지털 TV에서 출력되는 음향을 S/PDIF(Sony/Phillip Digital InterFace)단자로 직접 연결한다. 아날로그와 D급 앰프 설계에서는 입력 신호를 디지털로 변환하는 과정에서 음의 왜곡과 잡음 등이 발생한다. 이러한 원음 손실의 단점을 해결하기 위해서 S/PDIF 7.1채널 디지털 앰프를 구현 하였다.

돌비 디지털 음원의 입력 신호를 디지털로 처리하는 디코더와 앰프를 설계하였으며, 증폭된 신호를 원음 그대로 재생 할 수 있도록 스피커 유니트를 디지털 특성에 알맞게 설계하고, 디지털 환경에서 사용이 편리한 7.1채널 일체형 홈시어터 시스템을 구현하여 실험을 통해 기능과 성능을 검증 하고, 미래형 음향 시스템이나 빔포밍 기능을 이용한 스피커 시스템에도 다양한 디지털 음향기능을 응용 설계하여 경제적이면서도 실용성이 우수한 시스템을 구축하고 다채널 스피커를 직렬 연결하는 기술과 음향신호를 직렬로 전송하는 응용기술을 안내하며 청취자 및 사용자 입장에서 보다는 연구 개발자, 설계 제조자의 위치에서 이론과 기술 그리고 과학적인 측정 결과를 바탕으로 확인 해본다.

1. 연구 배경

최고의 정보 인프라를 보유하고 디지털 방송과 사이버 주거 시설 등을 상용화한 우리나라는 인터넷 이용 환경의 고도화로 홈 디지털 서비스가 향상되고 증가하는 현실에 있다[1]. 디지털 라이프 환경에서 홈 디지털 서비스에 기초한 디지털 홈시어터 스피커 시스템을 제시하고자 한다.

가정의 정보화와 디지털화로 정보, 통신, 방송 등 홈 디지털 서비스에 알맞은 가전 기기가 사용되고 있다. 그러나 각 제품마다 규격이 표준화되지 않아서 호환성이 없고 사용이 불편한 실정이다.

정부에서 강력하게 추진하고 있는 디지털 방송 정책에 따라 디지털 영상, 음향에 대한 관심과 개발 의지가 높아지고 있다. 이에 대응하는 디지털 음향 서비스 제공 에 적합한 스피커 시스템의 개발 또한 중요할 것으로 예상한다.

멀티미디어 환경에서는 CDP(Compact Disk Player), MP3 등 사운드 음원이 디지털로 구성된다. 아날로그에서 음악을 스테레오로 감상하던 방식에서 잡음 없이 깨끗한 고품질의 DVD(Digital Video Disk) 영화나 음악 감상이 가능하게 되었다.

DVD 등 멀티미디어 기기와 더불어, 스피커의 사용이 지속적으로 증가하고 있지만 제품의 신뢰성이나 디지털 전용기기 등에 알맞게 설계된 시스템은 많지 않은 것이 현실이다.

스피커는 사용 환경에 따라서 성능이 다르게 느껴질 수 있다. 원음 재생에 기본적인 주파수 특성과 잡음(noise), 왜율(distortion) 등의 사양을 중요하게 검토해야 한다. 장시간 영화나 음악 감상을 하여도, 소리로 인하여 불편하지 않고 원음의 손실이 적어야 만족을 얻을 수 있다.

일반적으로 사용되는 스피커 시스템은 스테레오가 기본인 아날로그 오디오를 주로 사용하고 있다. 최근에는 공간과 부피를 줄여 새롭게 개발된 필름(film)타입과 평면(flat)타입의 스피커가 많이 개발되고 있다. 이러한 제품을 사용할 때 저음이 풍부하지 못하여 별도의 서브우퍼 스피커를 사용하게 된다.

추가로 개발된 음향 기술로는 원음 재생 시 주파수의 변화와 재생 시간의 변화를 이용하여 채널 및 출력의 정도가 변하게 하는 기술이 있다. 서라운드 음향, 입체음향, 돌비 프로로직 4.1채널도 많이 사용하고 있다. 오디오 코덱3로 명명된 돌비디지털이 영화나 음악 등에 대중화되면서, 멀티미디어는 물론, 일반 오디오 시장의 수준을 향상시키고 기능과 성능이 우수한 제품이 점차 개발되었다.

아날로그 시스템은 전력 소모가 크기 때문에 전원 공급기(power supply)의 변압기(transformer) 중량과 코어(core) 부피가 크다. 아날로그 증폭 회로 부품 및 소자들은 전력을 많이 소모하여 넉넉한 전력과 공간을 필요로 한다. 이러한 경우 잡음이 증가하여 S/N(Signal/Noise Ratio)비가 높아지고, 전체 스피커 시스템의 왜율THD(Total Harmonic Distortion)가 증가하게 된다. 따라서 원음과 다른 음질을 재생하게 되며 청취 환경이 만족할 수 없게 된다.

본 연구에서는 홈 디지털 시대에 알맞은 디지털 음향 기술을 이용한 7.1채널 홈시어터 스피커 시스템을 설계한다. 기존의 아날로그 시스템과의 품질이 차별화된 DSP(Digital Signal Processing)기능과 증폭 회로 및 자기 회로 등에 대하여 연구하고 스피커 유니트의 특성과 기능을 향상한 스피커 시스템 설계를 한다.

디지털 방송의 표준으로 전송되는 AC3 돌비디지털 음향을 재생하기 위하여 전력 소비가 적고 방열 효과와 효율이 좋은 스피커 시스템을 빌트인(built-in)방식으로 구현한다. 실제 디지털 TV에 S/PDIF로 연결하고 디지털 홈시어터 시스템을 동작한다. 동작 실험은 정밀 계측 장비 등을 사용한다.

기존 시스템과의 비교 측정을 하고 왜율 및 잡음 등이 적고 주파수 응답도가 우수한 효율 높은 디지털 홈시어터 스피커 시스템의 성능을 검증한다.

2. 연구 방법

홈시어터 스피커 시스템은 음향 청취 시 최적의 효과를 얻기 위하여 전면, 후면, 센터 및 서브우퍼 스피커의 위치를 중요하게 설정한다. 오디오 회로 특성에 대해서는 가청 주파수 전대역의 저음, 중음, 고음 주파수 응답도와 출력 대비 왜율 변화, 채널별 음향 분리도와 잡음비 등을 설계하고 분석한다.

아날로그로 입력되는 RCA(Radio Corporation of America) 입력 신호를 프리앰프(preamp)단을 통과한 후 ADC와 DSP로 처리하고, 디코딩 과정을 거쳐 디지털 앰프 증폭 후 채널별로 설치한 스피커로 출력한다.

신호 처리 과정은 S/PDIF 디지털 광(optical) 단자, 또는 동축 (coaxial) 단자로 압축된 입력 신호를 전송받는다. 디지털 오디오와 비디오를 동시에 탑재한 HMDI(High Definition Multimedia Interface) 단자 등도 사용한다[2].

I^2S(Inter-IC Sound) 직렬 버스 방식으로 디코딩 회로와 DSP를 경유하고 디지털 앰프 증폭을 거쳐서 스피커로 출력하게 된다. 원음 의 손실을 최소화하여 효율을 안정화하는 디지털 홈시어터 스피커 시스템이라고 할 수 있다.

현재 가장 널리 사용하는 5.1채널 홈시어터 시스템과 새로운 구조 의 7.1채널 홈시어터 시스템에 이 방식을 적용한다. DTV(Digital Television) 방송에서의 돌비 디지털 음향을 S/PDIF 단자로 직접 수 신하여, DTV의 고화질과 고음질을 함께 감상할 수 있는 기회를 갖 게 한다.

스피커의 출력과 각 채널별로 아날로그 시스템과 디지털 시스템의 특성을 비교하고 전력의 소모와 잡음이 적은 시스템을 구현한다. 돌 비 디지털 음향 효과가 뛰어나고 설치 사용이 간단한 일체형 홈시어 터 스피커 시스템의 측정을 통하여 기능별 제품의 성능을 알아본다.

아날로그 시스템과 디지털 시스템을 동일한 조건에서 비교하고, 테스트 리포트와 측정 그래프 등을 통해 성능의 차이를 정량적 자료 로 제시해 보았다.

3. 본문 구성

이 장에서는 본 연구에서 사용하는 디지털 방송에 알맞은 홈시어터 시스템의 구성과 기본적인 설계에 대한 방법, 연구 내용 등에 대하여 살펴보았다. 본 연구의 전체적인 구성은 다음과 같다.

제2장에서는 기존의 아날로그 홈시어터의 원리를 분석한다. 구조와 회로 구성 등 아날로그 시스템의 기술과 종류에 대하여 알아보았다. 돌비디지털 오디오의 기술과 종류, 홈시어터의 현재와 변환 과정에 대하여 알아보고, 음향 특성을 측정하여 비교 평가한다. 디지털 음향의 신기술을 중심으로 연구, 개발되고 있는 스피커 시스템에 대하여 알아보았다.

제3장에서는 디지털 홈시어터의 음향 기술 및 특성 분석을 목적으로 채널별 주파수 응답 특성과 앰프 증폭의 음질을 비교하였다. 분석 데이터를 근거로 출력별 디지털 앰프의 원음 재생률과 각 채널별 스피커의 유니트(unit) 구조와 종류에 대하여 알아보았다. 홈시어터 시스템 내부 구동 원리와 시스템 설계의 기술적인 해결 과제에 대하여 설명하고, 아날로그 및 디지털 시스템의 측정치와 기능별 특성 데이터를 제시한다.

제4장에서는 비교 분석 평가된 자료를 바탕으로 디지털 7.1채널 홈시어터 스피커 시스템을 설계하였다. 실험 환경과 장비, 음질 및 신뢰성에 대한 실험 데이터와 홈시어터 스피커에 대한 연구 결과를 정리하였다. 디지털 방송 등에 연결하여 동작을 확인하고, 사양(specification)과 성능 등을 객관적으로 평가한다. 보완 사항이나 문

제점 등에 관하여 향후 연구 방향을 제시한다. 측정 데이터와 실험 결과를 설명하고 음질 및 시스템 평가에 사용한 인증 내용을 간략하게 정리하였다.

제5장에서는 멀티채널 시스템의 응용분야로 음향 신호 처리를 이용하여 다채널 시스템에서 오디오 신호의 직렬 전송과 직렬 연결 스피커를 통하여 음향을 재생한다. 이 시스템은 오디오 본체에서 각 채널의 아날로그 오디오 신호를 디지털로 변환한후 신호처리 과정을 거쳐 패킷으로 생성한 후 직렬방식의 시리얼로 연결한 각 스피커들로 전달하는 과정을 연구하고 구현하였다.

제6장에서는 시스템 설계에 대한 총체적 결과를 분석하여 결론으로 정리 한다.앞으로 발전하는 음향 시스템에서 수량이 늘어나고 복잡해지는 스피커들을 간단하게 직렬 연결하는 방법에 대하여 향후 개발 과제로 제시한다. 마지막 부록으로 음향 기술의 용어와 실제 구현한 회로도 등을 첨부하였다.

제2장

아날로그 홈시어터의 원리와 구조

1. 아날로그 앰프 증폭의 구조

아날로그 앰프 시스템에서 효율이 높아 보편적으로 많이 사용하는 증폭 회로는 FET(Field Effect Transistor)를 이용한 증폭 회로라고 할 수 있다. FET는 트랜지스터의 이미터(emitter)접지 방식에 해당하는 소스(source) 접지 방식, 버퍼(buffer)회로에 많이 사용하는 드레인(drain) 접지방식, 트랜지스터의 베이스 접지에 해당하는 게이트(gate) 접지방식이 있으며 고주파 증폭 회로에는 게이트 접지방식을 주로 사용하고 있다[3].

많이 이용하는 유니폴라(unipolar)계열의 MOS(Metal Oxide Semiconductor) FET는 정전기에 파괴되기 쉽지만 입력 임피던스가 높고 게인 값이 적어 고출력을 요구하는 카 오디오, 하이파이 등에 많이 사용되고 있다. IC(Intergrated Circuit) 설계에서는 하이브리드(hybrid)IC 보다는 모노리식(monolithic)IC를 주로 사용하는 데 설계가 간편하고 성능이 좋아 주로 BTL(Balanced Transformer Less)앰프 설계에 사용한다. [그림 2-1]처럼 OP앰프(Operational amplifier)의 전원은 플러스, 마이너스를 사용하는 양 전원용과 플러스와 그라운드(ground)를 사용하는 단 전원용이 있다.

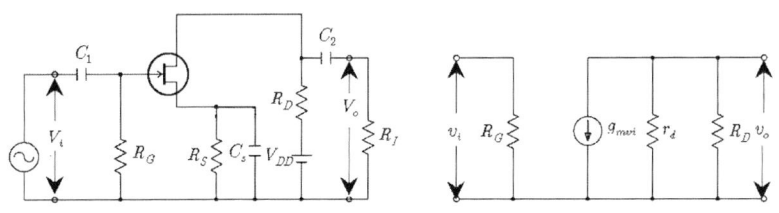

그림 2-1. OP 앰프 회로 (KIA4558P)

KIA4558P급 OP 앰프는 DIP 8PIN/ SOP 8PIN으로 구성되어 있으며, 반전 입력과 비반전 입력이 있어서 한쪽은 출력이 반대가 되고 한쪽은 같은 극성의 전압, 정위상이 출력된다. 역전하는 쪽을 반전 입력이라 한다.

2개 입력 간의 전압차를 차동 입력 전압이라고 하는데, 현재 양 전원을 이용한 증폭 회로에서 많이 이용하는 TDA7365A 오디오 IC 의 내부 회로를 [그림 2-2]의 (a), (b)에서처럼 양 전원의 +V_s , $-$ V_s 입력을 갖고 있는 것을 알 수 있다.

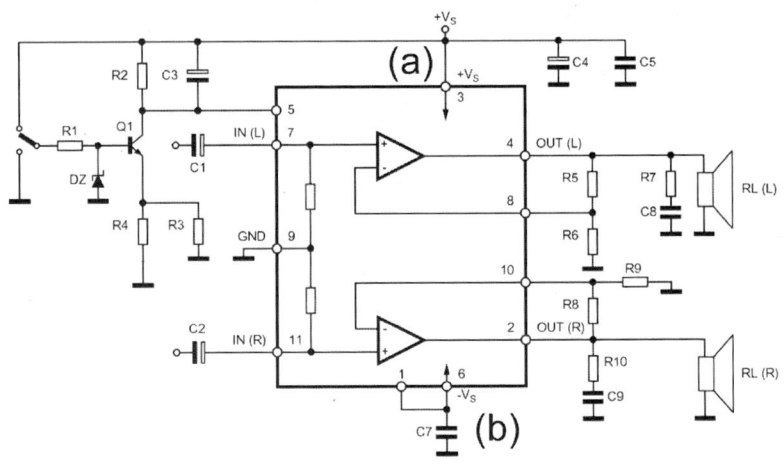

그림 2-2. 고출력 회로

오디오 설계 시 입력과 그라운드 간의 동 위상 입력 전압은 DC12~15V를 가장 많이 사용한다. 출력 전압이 10V일 때 공급 전압 은 +/- 12V를, 출력 전압이 15V일 때 공급 전압은 약 +/- 17V를 입력해야 한다.

2. 아날로그 홈시어터 시스템의 기술

아날로그 증폭에서 열잡음과 노이즈 때문에 일정 수준의 게인 (gain)을 갖는 증폭이 필요하다. 아날로그 앰프를 사용하는 것은 홈시어터 또는 AV(Audio Video) 시스템에서 박진감 있는 파워를 감상하기 위해서 사용된다.

음원이 AV 프로세서(processor)에 의해서 처리되고 파워 앰프로 출력할 때 게인 값이 적은 신호를 증폭하여 고출력으로 스피커에 전달하면 물리적인 구조를 거쳐서 사운드로 출력하게 되는 것이다.

홈시어터 시스템은 5.1채널이 기본이며 [그림 2-3]같이 저음을 담당하는 서브우퍼를 포함한다. 최근에는 오디오 사운드 포맷 기술의 발달로 7.1채널까지 요구한다.

홈시어터는 일반 하이파이 시스템과는 사운드의 성격이 다르다. 영화의 효과음이나 실황 중계와 같은 현장 음을 그대로 전달하려는 구성과 주파수 반응 속도, 음의 세기와 음색 등을 강조하거나 분산하는 특성이 구분되어 있다[4]. 홈시어터 시스템에서 VCR(Video Cassette Recorder)로도 연결 사용이 가능하지만 영화의 경우 주로 DVD(Digital Video Disc)플레이어에 연결 사용한다.

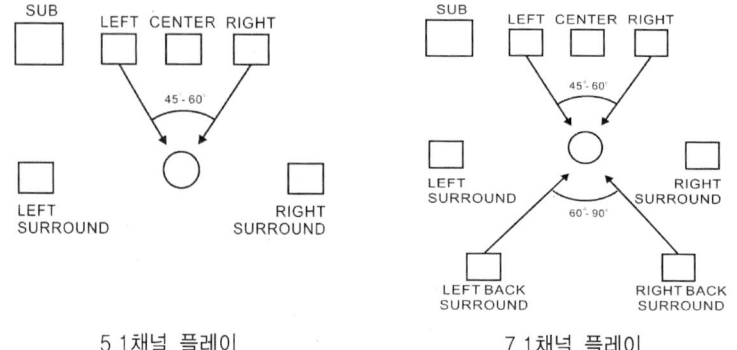

5.1채널 플레이   7.1채널 플레이

그림 2-3. 5.1채널 및 7.1채널 시스템 구성

동축 케이블의 안테나에는 영상과 음성이 동시에 전송되므로 화질
과 음질이 상호 간섭으로 인하여 질이 떨어진다. 콤포지트 단자는
영상과 음향이 분리되어 전송이 되며 AV 단자라고도 한다. 일반
AV시스템에서 [그림 2-4]와 같이 사용하게 된다.

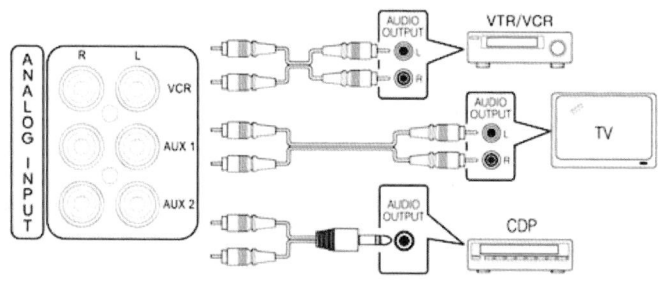

그림 2-4. AV 시스템 연결 구성

이러한 방법으로 연결하던 방식이 고화질의 DVD 플레이어의 등

장으로 영상 전송 S단자와 컴포넌트(component) RGB 단자 등으로
나눠지고 음향 전송에서는 DIN 단자와 광(optical)단자와 동축(coaxial)
의 디지털 압축 단자를 사용하게 되었다. 음향에 있어서 홈시어터는
멀티채널로 구성되어 있어 신호를 압축하거나 각각의 신호를 병렬로
구축한 RCA 단자를 [그림 2-5]같이 연결하게 되었다.

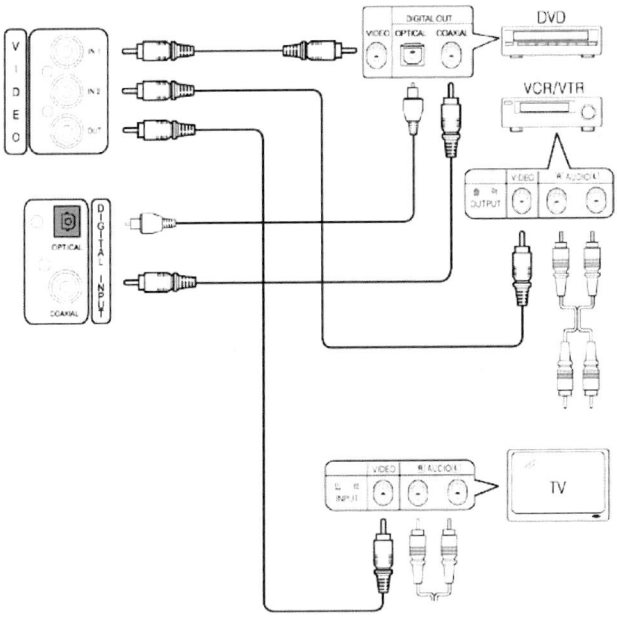

그림 2-5. 홈시어터 시스템 주변기기 결선

  아날로그 및 디지털 단자를 동시에 사용하면서 영상의 화질은 많
은 발전을 하게 되었다. LCD TV와 PDP TV는 물론, PC용 LCD 모
니터에도 컴포넌트 단자를 탑재하여 고화질을 감상할 수 있는 환경

이 되었다.

음성 신호는 좀 더 복잡한 구성을 갖는다. 일반 TV와 DVD 플레이어를 연결할 때 스테레오 단자를 연결하면 되지만 4.1채널 또는 5.1채널 이상의 홈시어터 사운드 포맷으로 구축 사용할 때는 음향의 각 채널을 RCA단자 또는 6개 이상으로 구성된 DIN(Deutsches Institute for Normung) 독일의 공업규격 단자로 연결해야 한다.

홈시어터를 구축하면서 절실히 요구되는 것은 가정에서 극장의 사운드를 감상하는 것이다. 기존에는 VCR 등으로 영화를 감상하면서 스테레오(stereo) 또는 서라운드(surround)음향에만 만족했다. DVD는 극장의 사운드 포맷과 동일하게 녹화, 녹음이 되어 홈시어터 시스템만 갖추면 극장의 감동을 그대로 느낄 수 있다. 사운드의 입체감이 없는 영화를 본다면 감동을 느끼기 곤란하다.

공연장에서 오케스트라(orchestra) 또는 오페라(opera) 같은 공연을 감상할 때 음향이 부족하면 전혀 감동을 얻을 수 없듯이 일상에서도 음향이 중요하게 자리하고 있는 것이다. 6개 스피커는 청취자 주위에 [그림 2-6]처럼 배치하게 된다.

영상 화면을 포함하여 DVD 플레이어와 6개의 5.1채널 스피커를 구성하면 홈시어터의 기본이 구축된 것이다. 각각의 리시버와 디코더 등을 구성한 홈시어터보다는 리시버, 디코더 등을 내장한 일체형 시스템으로 구축하면 사용이 간편해질 수 있다. 최근에는 복합형 패키지 시스템보다는 올인원(all-in-one)타입으로 구성된 시스템도 많이 등장하였다. 이렇게 홈시어터 시스템은 우리의 일상에서 필수적인 시스템으로 자리하고 있다.

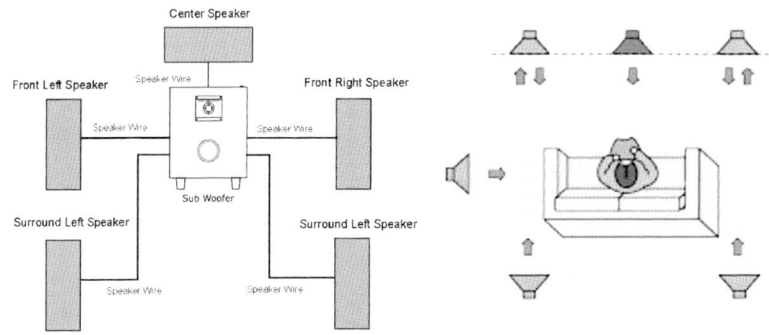

그림 2-6. 5.1채널 홈시어터 구성

3. 스피커 종류 및 구성

1) 스피커 유니트 구조와 원리

스피커의 종류를 크게 나눈다면 다이나믹형 스피커, 마그네틱형 스피커, 콘덴서형 스피커 등으로 구분할 수 있다. 다이나믹형 스피커는 동적인 또는 동력적인 의미로 직류 자계 내에 음성 코일을 둔다.

유니트의 구조는 [그림 2-7]과 같이 크게 전기 부분의 영구자석, 보이스코일 등과 기계부분의 프레임, 음향부분의 진동판 등 세 부분으로 나누어 볼 수 있다[5].

음성 전류에 의해 발생된 자계와 직류 자계 사이에 플레밍의 왼손 법칙에 따르는 동력을 얻게 하여 진동판을 구동시키는 방식이다. 콘덴서형 스피커는 두 개의 대립된 도체 평면에 높은 전압을 가할 때 발생하는 정전력을 이용해 진동판이 힘을 받게 하는 원리이다. 정전형(static electricty)스피커라고도 부른다.

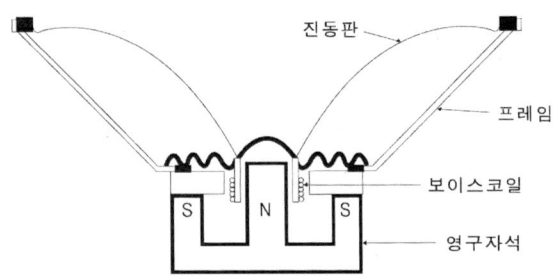

그림 2-7. 스피커 유니트 구조

스피커는 오디오 기기의 출구에 해당하며 앰프에서 보내져온 음성 전기 신호를 음파로 바꾸는 역할을 한다. 전기 신호를 음파로 변환하는 방식에는 여러 가지가 있으며 현재 가장 많이 사용하고 있는 것은 코일을 사용한 스피커이다. 그 종류는 콘형, 돔형, 혼형, 평면형 그리고 필름형 스피커로 구분할 수 있다.

2) 콘형 스피커 구조

다이나믹형 스피커 중 가장 일반적인 스피커는 진동판의 형상이 원추형을 한 콘형(cone type)이며 [그림 2-8]과 같이 자기회로, 진동계, 기타로 구성되어 있다.

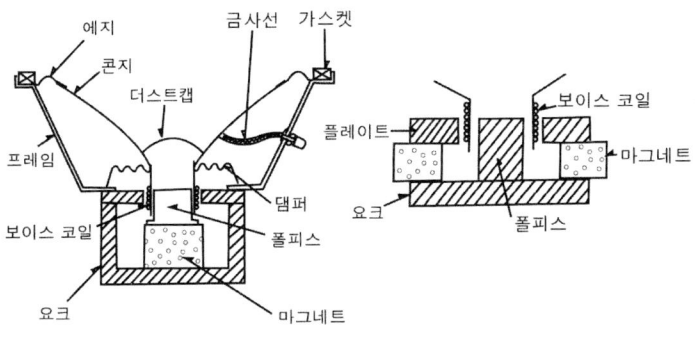

그림 2-8. 스피커 유니트 내부 구조

자기 회로는 강력한 자기를 가진 마그네트와 마그네트에서 나오는 자기를 효율적으로 통과시키는 폴피스, 플레이트, 요크로 구성되어 있어서 폴과 플레이트 사이의 좁은 공간에 강력한 자장이 생긴다. 여러 겹으로 감긴 보이스 코일이 이 공간 속에 장치된다. 전기 신호가 앰프로부터 보이스 코일에 보내지면 보이스 코일은 상하로 진동한다. 그 진동이 보이스 코일이 감겨져 있는 원통의 보이스 코일 보빈을 사이에 끼워서 진동판 콘지에 전달되어 소리가 발생한다.

진동판 재질은 일반적으로 종이(paper)를 사용하지만 최근에는 케블러(Kevlar) 같은 화학 합성 재료와 알루미늄 같은 금속 재료도 사용하고 있다. 현재 가장 많이 사용되는 스피커는 거의 종이 재질의 콘형이다.

3) 돔형 스피커 구조

진동판 모양이 지붕을 씌운 것과 같은 돔형(dome type)을 하고 있는 스피커를 말하며 동작 원리는 콘형 스피커와 같다. 돔형 스피커는 일반적으로 소리의 확산이 좋다. 이것은 진동판의 모양이 [그림 2-9]과 같이 진동판의 지름이 작기 때문이다.

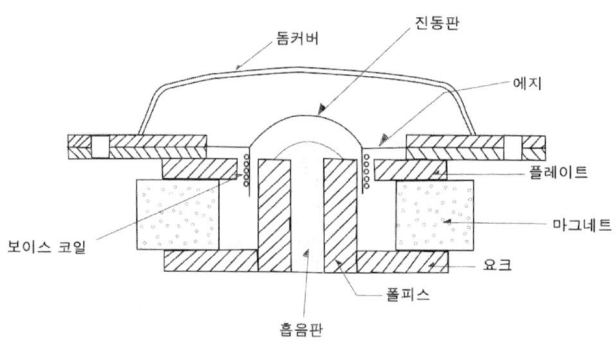

그림 2-9. 돔형 스피커의 구조

돔형 스피커의 진동판은 콘형에 비해 작기 때문에 구조상 저음용으로는 거의 사용 안 하며 중음, 고음용으로만 사용한다. 또 돔형 스피커는 전기 신호를 소리로 변환하는 능률이 비교적 낮은 것이 많기 때문에 능률을 올리기 위해서는 대형 마그네트를 사용하거나 커버 부분에 홀을 내어 이퀄라이저 형식을 부가하여 소리의 확산기능을 더욱 확대하는 것이 보편적이다.

4) 평면형 스피커 구조

진동판 표면이 평면 모양인 스피커를 말하는데 콘형 진동판의 굴

곡 형상에 따라서 주파수 특성의 혼란을 막기 위해 개발된 것이 평면형(flat type)스피커의 주된 목적이다. 특성이 좋은 평면형 스피커를 만들 때는 [그림 2-10]와 같이 진동판은 구부러짐이나 비틀림에 강한 재료가 요구되므로 벌집 구조의 진동판, 발포 수지 방식을 사용하고 있다.

중량이 많이 나가는 단점으로 인하여 화이버 글라스(fiber glass)소재의 중량이 가벼운 발포 수지 진동판을 이용한 평면형 스피커가 등장하고 있다.

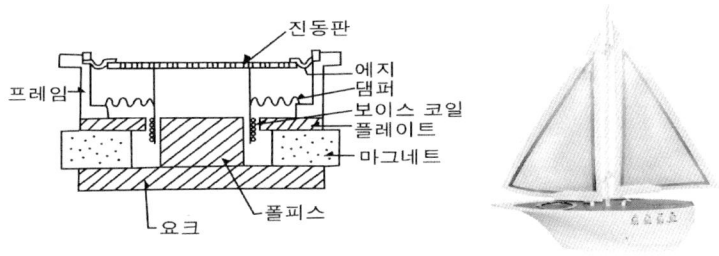

그림 2-10. 평면형 스피커의 구조

평면 스피커는 무게가 아주 가벼우며 음성 대역 이상의 중, 고음에 사용이 적합하며 무게와 부피를 줄여 좁은 공간 등에 설치할 수 있도록 다양한 제품이 개발되고 있다. 일본의 PROTRO사와 FPS사에서 코일형 평면 스피커를 특허내고 실용화하고 있으며 한국스프라이트에서 이 평면 스피커에 알맞은 앰프를 설계하고 생산 중에 있다.

주요 장점은 무지향성으로서 교회나 강당 등에서 울림이 없다. 전면이나 후면에서 청취할 때도 음향의 차이가 없을 정도로 사운드가 고루고 지향성이 평탄하다. 두께가 얇고 가벼워서 가방의 어깨끈 등에도 스피커를 내장하여 도보 중이나 산행 중에도 어학이나 음악 감상용으로 많이 사용한다.

5) 필름형 스피커 원리

세라믹 소재를 이용하여 다양한 필름형 스피커가 개발되었다. 그 중 플라즈마(plasma) 이온 공법을 응용하여, 필름 표면에 물과 친한 친수성 성질과 물을 멀리하는 소수성 성질로 변화시킨다. 금속이나 전도성 물질이 붙지 않아 스피커 소재로 사용하기 곤란한 이불소화 비닐 PVDF(Poly Vinylidene Fluoride)에 피에조(piezo) 압전 성질을 형성하여 [그림 2-11]같이 필름형 스피커를 개발하였다.

그림 2-11. 필름형 스피커의 개발 완성품

가볍고 얇고 투명한 것이 장점이며 모니터 등의 화면에 부착하여 사용하기도 한다. 일반 스피커의 경우 마그네트를 이용한 스피커로서 모니터 화면 등에는 자기 차폐형을 사용하지만 이 필름 스피커는 아무 곳에나 사용이 가능하다. 디자인을 다양하게 여러 가지로 제작하기도 한다. 음질에 대하여 아직 만족할 만한 성능을 기대하기 어렵다. 필름형 스피커는 음질 향상과 원가 절감을 위하여 꾸준히 개발 중이다. 특히 음성 대역에서 부족한 저음역을 보강하기 위하여 150Hz를 기준하여 −12[dB] 정도를 설계하고, 서브우퍼를 포함한 2.1 채널 방식을 주로 사용한다.

6) 스피커 설계 시 유의 사항

스피커 설계 시 중요하게 검토하는 것은 소리의 세기(intensity)라고 할 수 있다[6]. 소리에 의하여 공기 분자들의 변위는 식(2.1)와 같다.

$$S(x,t) = S_m \sin(kx - \omega t) \qquad\qquad (2.1)$$

라고 하면

S_m은 진폭,

$k(= 2\pi/\lambda)$는 파수(wave number),

$\omega(= 2\pi f)$는 진동수

λ와 f는 각각 파장과 진동수이다. 이때 공기 분자들의 운동 속력은 식(2.2)과 같다.

$$v(x,t) = \partial s(x,t)/\partial t = -S_m \omega \cos(kx - \omega t) \qquad (2.2)$$

$\partial/\partial t$ 는 시간 t에 대한 편미분이며 소리에 의해서 위치 x의 공기 분자들이 시간 t에서 갖는 운동 에너지는 식(2.3)과 같다. dm은 질량이다.

$$dk = \frac{1}{2}dm\ v(x,t)^2 = \frac{1}{2}dm\,S_m^2\,\omega^2\cos^2(kx - \omega t) \quad (2.3)$$

이다. 에너지가 음파에 의해 시간 dt동안에 전달되는 에너지이므로 단위 시간에 전달되는 전달 공률 에너지는 식(2.4)와 같다.

$$P = dk/dt = \frac{1}{2}(\frac{dm}{dt})S_m^2\,\omega^2\cos^2(kx - \omega t) \quad (2.4)$$

스피커 소리 공기 관의 지름넓이를 A, 공기 밀도를 ρ라고 하면 식(2.5)이 된다.

$$dm = \rho A\,dx \qquad\qquad\qquad (2.5)$$

$$P = \frac{1}{2}\rho A(\frac{dx}{dt})S_m^2\,\omega^2\cos^2(kx - \omega t)$$

$\dfrac{dx}{dt}$ 는 웨이브 파형의 전달 속력 V_s가 되므로

$$P = \frac{1}{2}\rho A\ V_s\,S_m^2\,\omega^2\cos^2(kx - \omega t)$$

이를 시간에 대해 평균하면

$$P_{AV} = \frac{1}{4} \rho A \, V_s \, S_m^2 \, \omega^2$$

이를 지름 넓이 면적으로 나눠주면

$$\frac{P_{AV}}{A} = \frac{1}{4} \rho \, V_s \, S_m^2 \, \omega^2$$

운동 에너지의 평균과 공기 분자들의 위치 에너지(potential energy)를 포함하면

$$I \equiv \frac{1}{2} \rho \, V_s \, S_m^2 \, \omega^2$$

이것을 소리의 세기라고 한다. 소리의 세기는 공기 분자의 최대 변위 제곱에 비례하고, 각 진동수의 제곱에도 비례하기 때문에 진동수의 소리가 에너지를 더 많이 전달한다. 이 소리의 세기를 데시벨[dB]이라고 표현한다[7].

4. 디지털 음향 돌비의 기술

홈시어터라는 개념이 등장하면서 극장에서만 즐길 수 있었던 멀티채널 서라운드 음향(multi-channel surround sound)을 가정에서도 즐

길 수 있게 되었다. 그동안 극장과 홈시어터에서 사용되는 대표적인 입체 음향 사운드 포맷에는 돌비 서라운드와 돌비 프로로직으로 구분되는 3D 서라운드와 돌비 디지털, DTS(Digital Theater System) 등의 디지털 음향 기술이 있다[8].

잡음 제거 회로로 유명한 세계적인 음향 기술의 돌비 연구소가 1980년대 초반, 극장용 서라운드 음향으로 아날로그 매트릭스 인코딩 방식의 돌비 서라운드를 개발하였다. 아날로그 사운드 포맷인 돌비 서라운드 방식은 전면 좌, 우 스피커용 2채널, 센터 채널, 후방의 신호를 재생하는 서라운드 채널의 총 4개 채널을 2채널로 바꾸어 필름, 비디오테이프 등과 같은 매체에 레코딩하게 된다.

재생 시에는 다시 4개의 채널로 분리하기 위하여 각 영화관이나 가정에서는 돌비 서라운드 디코더가 필요하게 된다. 비교적 간단한 원리에 의해 소리를 분리해 내는 돌비 서라운드 디코더는 소위 패시브(passive) 방식이라고 제작되었다[9]. 회로가 간단하고 가격이 저렴한 반면 각 채널 간 분리도가 3[dB] 정도로 효과가 좋지 않은 단점이 있다.

이에 반해 액티브(active) 방식의 디코더는 돌비 프로로직이라 하며 어댑티브 매트릭스(adaptive matrix)회로를 이용한 방향성 강조 회로를 채용하였다. 기존 패시브 방식에 비해 채널 간 40[dB] 이상의 분리도를 보여주고 있다[9].

기본적인 5.1채널에서 전면(front) 스피커 채널은 영화의 주 효과음(sound effect)과 배경음(music effect)을 담당하고 스크린의 가운데 위치한 중앙의 센터(center)채널은 배우의 대사 및 화면의 중앙에서 발생하는 효과음을 담당한다. 후면(rear) 채널은 배음 효과나 주변상

황 음(ambiance)형성이 주목적이며 후방에서 발생하는 효과음도 담당한다.

마지막으로 LFE(Low Frequency Effect) 채널은 저음 전용 채널로서 특별한 방향성을 가지지 않으며 서브우퍼에서 재생된다. LFE 채널은 0.1채널로 명명하게 되어 6채널이 아닌 5.1채널이라 불리게 되었다. 1990년대 이후 제작된 영화들은 거의 2채널 스테레오가 아닌 멀티채널 사운드(Dolby digital)와 DTS 등으로 녹음되었다. 디지털 음향 기술의 대표적인 돌비 디지털 음향에 대하여 정리해 본다.

1) 4.1채널 돌비 프로로직

서라운드 사운드 포맷인 돌비 프로로직은 전면(front) 좌·우 채널, 센터 채널, 그리고 서라운드 채널의 총 4채널로 구성되어 있다. 이것은 4개의 채널을 2개의 채널로 압축되어 인코딩(encoding)된 돌비 프로로직 신호를 돌비 프로로직 디코더를 이용하여 프론트 좌·우 채널, 센터 채널, 서라운드 채널 등 4개의 채널로 디코딩(decoding)하여 복원하는 [그림 2-12]의 방식이다[42].

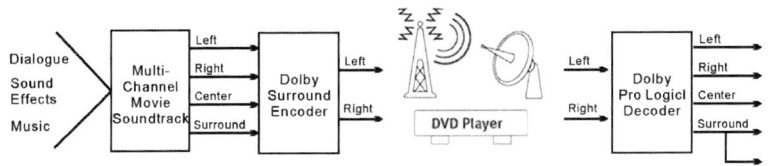

그림 2-12. 돌비 프로로직의 신호 처리 과정

돌비 프로로직은 완전히 분리된(discrete) 채널별 신호로 이루어진 돌비 디지털과는 달리 2채널의 아날로그 신호로부터 주파수 대역 특성을 기초로 음을 분리한다.

돌비 프로로직의 채널별 주파수 대역은 100Hz~7kHz로 돌비 디지털의 20Hz~20,000Hz에 비해 음질이 떨어진다. 이는 원음 4채널을 아날로그 방식을 이용해 2채널로 압축하는 방식을 택하고 있기 때문이다.

돌비 프로로직Ⅱ는 [그림 2-13]처럼 돌비 디지털과 마찬가지로 후면이 2채널의 스테레오로 구성된다. 프로로직은 돌비 서라운드 4채널의 음원을 2채널에 녹음하여 처리하는 매트릭스 인코드 된 사운드를 원래의 4채널로 복원(decoding)시키는 기술이다. 서라운드 인코딩이 되어 있지 않은 스테레오 사운드에 대해 프로로직 디코딩을 했을 소형에 충분한 효과를 발휘하지 못하는 경우도 있다[11].

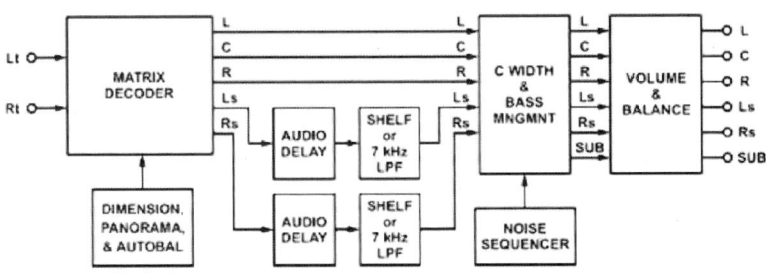

그림 2-13. 돌비 프로로직Ⅱ 디코더 내부도

기존의 프로로직에서는 서라운드 채널에 대한 재생 대역 제한이 상한 7kHz이었는데, 프로로직 Ⅱ에서는 대역 제한이 없어졌다. 5채널이 모두 가청 주파수 전 대역(20~20,000Hz)을 재생하여 자연스러운 음장 표현이 가능하다. 서브우퍼에 보내지는 신호는 돌비 디지털과 같이 독립적인 것이 아니고 원래의 스테레오 소스에 들어가 있던 저음 성분을 재생하는 점에서는 차이가 없다.

돌비 프로로직Ⅱ는 프로로직의 모노 서라운드와 대역 제한을 개선하고 영화(movie)모드, 음악(music)모드 등 다양한 음장 보정 기능을 제공한다.

저음 성분을 필터로 추출해 사용하는 프로로직 Ⅱ는 메인 채널, 전면(front)채널의 저음 성분을 모노(mono)로 사용한다. 따라서 중, 저음의 표현력이 돌비 디지털보다 좋지 않다고 할 수 있다.

2) 5.1채널 돌비 디지털 AC3

돌비 디지털 AC3는 Audio Coding Algorithm 3의 약자로 돌비 디지털이란 코드명으로 사용된 이름이다. 돌비 디지털은 각각 분리된 다중의 채널을 이용하는 서라운드 방식으로 프로로직의 단점을 확실히 해결하고 디지털로 사운드를 분리하기 때문에 분리도가 매우 뛰어나다.

돌비 디지털은 5.1채널 사운드를 16비트 해상도로 32kbps에서 640kbps 사이의 데이터를 가진 디지털 스트림(stream)으로 압축할 수 있는 오디오 코딩 방식이다. 완전히 독립적인 채널별로 최대 6채널까지 [그림 2-14]처럼 인코딩이 가능하며, AC3라는 하나의 디지털 스트림으로 만들어진다. LFE는 저음을 보강하는 차원에서 옵션으로 설치하는 아날로그의 서브우퍼와는 다르다. 20~250Hz의 방향성이 없는 저역만 담당하여 데이터를 전송하기 때문에 6채널 시스템이 아닌 5.1채널로 정의하기도 한다.

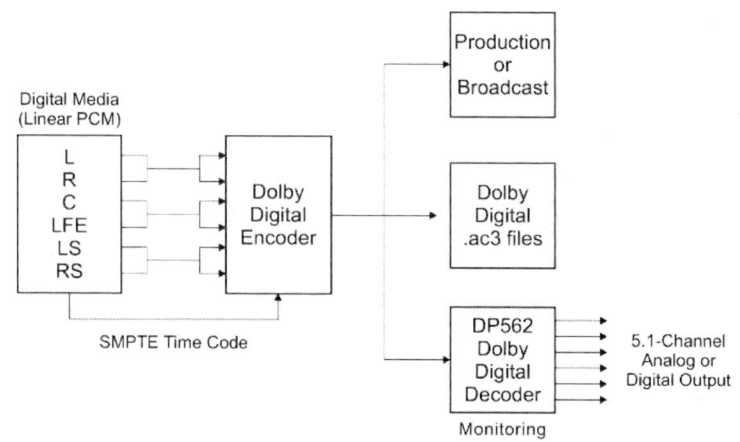

그림 2-14. 돌비 디지털 인코딩 시스템

일반적으로 5.1채널을 384~448kbps의 정보량으로 압축하게 되는데, 그 압축비는 샘플링 주파수 32kHz, 44.1kHz, 48kHz에 모두 대응할 수 있다. 기존 스피커 시스템과의 호환성을 위해 6개 채널로 인코딩 된 돌비 디지털 스트림을 2채널, 4채널 등으로 통합해서 출력해주는 다운믹스(down mix)기능을 돌비 디지털 디코더에 포함시켰다. 기존에 2채널 스테레오 시스템에서도 호환 가능하도록 하였다.

돌비 디지털 다운믹스 기능은 대부분의 소프트웨어(software)나 하드웨어(hardware) DVD 플레이어에서 기본적으로 지원한다. 전체적인 비용 절감 효과도 있다. 기존 PCM(Pulse Code Modulation)의 몇 분에 일에 불과한 데이터 용량으로 최대 6채널을 운반할 수 있는 높은 압축률을 바탕으로 HDTV(High Definition Television) 표준 음향의 사운드 포맷으로 지정되었다.

[그림 2-15]은 돌비 디지털의 다운 믹스 블록도이다. 돌비 디지털과 프로로직과의 차이점은 센터와 리어 채널에서 잘 나타난다.

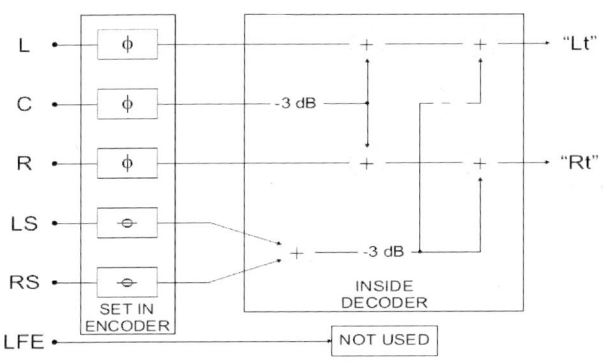

그림 2-15. 돌비디지털 시스템의 다운 믹스 블록도

돌비 디지털은 전용의 센터 채널을 두고 있기 때문에 위상 관리는 물론, 채널 간의 크로스토크(cross talk)가 생기지 않는다.

돌비 디지털의 경우는 리어 채널이 2채널이고 디지털 압축에 의해 전면, 센터 채널과 혼합되지도 않는 방식이다. 대역 제한의 필요성도 채널 간의 간섭을 막는 보조 회로도 필요가 없다. 넓은 주파수 대역을 재생하면서도 비약적인 음질 향상이 가능하게 되었다. 돌비 디지털의 384kbps의 정보량은 2채널 CD의 1/4밖에 되지 않고 채널의 수는 3배, 6채널이라서 각 채널의 음질이 CD보다 못한 점이 있다. 실제 화면과 돌비 디지털 5.1채널의 공간감으로 인해 단점이 귀에 잘 들리지는 않는다. 화면 없이 돌비 디지털의 음악을 들을 경우 음의 명료도가 확실치 않는 느낌 등 음질상의 문제를 알 수 있다. [그림 2-16]는 멀티채널의 디코더 구성도이다.

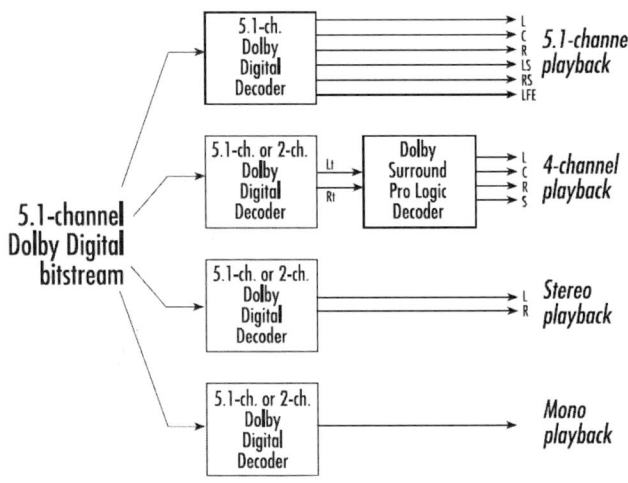

그림 2-16. 돌비 디지털 시스템의 멀티채널 구성

돌비 디지털은 5.1채널 음향만을 생각하고 있지만 현재 9.1채널, 11.1채널 등 22.2채널까지 사운드 음향 기술이 준비되어 있은 상태이다[42]. 실용성을 검토하고 상용화를 위한 제품 개발이 필요한 실정이다.

3) 7.1채널 돌비 디지털 Pro Logic ⅡX

돌비 디지털 Pro Logic ⅡX는 돌비 디지털 Pro Logic Ⅱ의 확장된 개념으로 돌비디지털을 6.1채널 또는 7.1채널로 재생하기 위하여 개발되었다. Pro Logic ⅡX는 Pro Logic Ⅱ를 대체하기 위하여 나온 기술이 아니라, Pro Logic Ⅱ가 확장된 신기술이다. Pro Logic ⅡX는 센터(center), 영화(movie)모드, 음악(music)모드, 파노라마(panorama)모드 등 다양한 음장 모드를 지원하며 [그림 2 - 17]과 같이 설치한다.

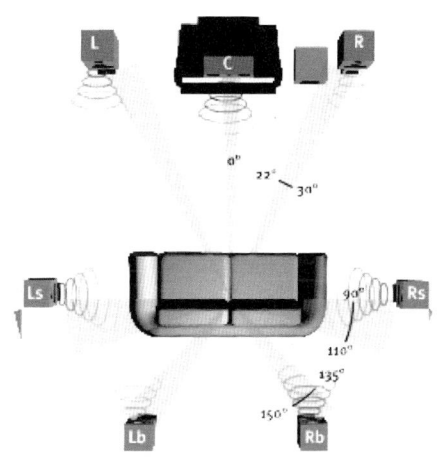

그림 2 - 17.
7.1채널 시스템에서 스피커의 설치 각도 및 위치

각 모드별로 다양한 채널을 구성하는 것이 주요 장점이며 가장 많이 사용하는 영화 감상 모드와 학습 효과 모드는 [그림 2 - 18]과 같은 원음 재생 음역의 공간 능력을 갖추고 있다[42].

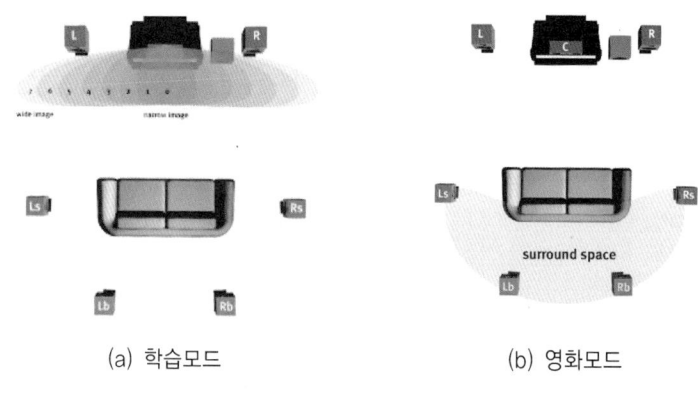

(a) 학습모드   (b) 영화모드

그림 2 - 18. 학습 모드와 영화 모드 시스템

5. 홈시어터의 현재와 변환 과정

홈시어터는 단순하게 영화를 감상하는 것 이외의 어학 등 학습 활용과 게임 등에도 사용이 되는 엔터테인먼트로 발전하고 있다.

홈시어터의 필수품 DVD 플레이어의 기초적인 성능을 알아본다. DVD는 CD와 동일한 크기이면서도 한 면에 4.7GB로 이층 또는 양면으로 엄청난 정보를 수록한다[49]. MP4의 압축 기술을 이용하여 고화질의 표현이 가능하다. 스테레오는 물론 일반 극장 음향에서처럼 5.1채널, 7.1채널의 음향을 수록하여 생생하고 감동적인 사운드를 감상할 수 있는 재생 장치이다[47].

DVD는 CD와 달리 영상과 음향을 동시에 레코딩(recording)하는
데, 음향의 경우에는 돌비디지털 사운드 포맷이나 DTS 사운드 포맷
으로 처리하기도 한다. 돌비디지털이 사운드 압축률을 높여서 용량
의 수록 면에서 앞서 있으며 HD(High Definition)TV 방송에서도 돌
비사운드 포맷을 사용하고 있다. [그림 2-19]와 같이 AV 시스템
설계에서는 스테레오를 기초로 하여 사양을 결정하고 개발한다.

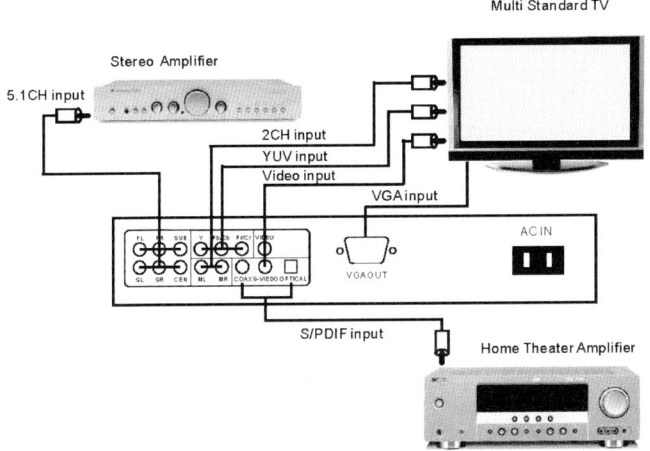

그림 2-19. AV 및 홈시어터 설치 연결

돌비 디지털의 전송률은 448kb/s 정도지만 DTS는 평균 1.5Mb/s에
달하는 전송률을 보유하며, 음압이 돌비 디지털에 비하여 약 6[dB] 정
도 높다. MPEG의 압축 기술에 따라서 영화 또는 서라운드 음향 기법
으로 생생한 현장감을 포함한다. 입체음향으로 발전하면서, 그에 알맞
은 앰프와 스피커 그리고 음원을 재생할 수 있는 DVD 플레이어 등의

개발이 진행되고 있다. 최근에는 게임기, 핸드폰 등 모바일 기기에도 돌비 디지털 사운드를 내장하려는 시도가 있다. 그에 따라 음원 모듈 개발과 함께 앰프 및 스피커 유니트를 개발해야 하는 단계에 있다.

6. 아날로그 홈시어터의 문제점

영화 감상이나 음악 감상할 때뿐만 아니라 일상에서도 홈시어터 시스템으로 향상되고 명료도가 뛰어난 사운드를 제공하고 있다. 휴대용 MP3 또는 PMP(Portable Multimedia Player) 등을 연결하여, 뉴스, 드라마, 영화 등 음성이 중요한 음원을 연결하여 이용하기도 한다. [그림 2-20]은 아날로그 형식의 연결도이다.

화면은 통상 RGB라는 적색, 녹색, 청색 삼원색을 이용한 아날로그 방식을 이용한다. 낮에도 화질이 불편하지 않은 2000ANSI의 밝기를 요구하게 되며 필름 스크린을 사용하기도 한다. PDP(Plasma Display Panel)TV, LCD(Liquid Crystal Display)TV 방식의 프로젝션은 블랙을 얻기 위해 광원을 차단하는 방식을 사용하지만 CRT (Cathode Ray Tube)방식에서는 블랙빔(beam)을 쏘지 않는 방식으로 자연스러운 블랙을 얻어낸다.

DLP(Digital Light Processing)프로젝터는 입력받은 영상 신호를 화소수에 알맞게 재조합하는 과정을 거친 후에 스크린에 출력하게 되지만 CRT 방식에서는 비디오 영상 소스로부터 받은 입력을 조합 과정 없이 그대로 스크린에 투사하여 매우 자연스런 동작과 연결성 등의 매끄러움을 보여주게 된다[10].

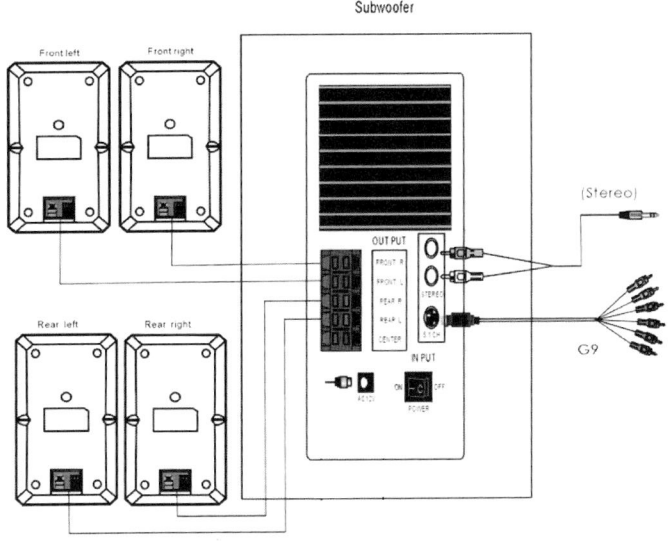

그림 2 - 20. 5.1채널 스피커의 연결

음향에서도 마찬가지이다. 레코딩 단계에서 아날로그 방식으로 작업된 음원은 별다른 DSP처리 과정이 없이 앰프를 거쳐 라디오 방송을 수신하듯 출력의 정도만을 조절하며 오디오 신호를 증폭하게 된다.

5.1채널, 7.1채널 등의 멀티채널은 DVD 플레이어에서 전송된 멀티 포맷의 음향신호를 디코딩한다. 영상과 음향을 분리하여 기기에 연결하고 컨트롤하는 기능을 제어하게 된다. 내부적으로 처리되는 블록 다이어그램은 [그림 2-21]과 같다.

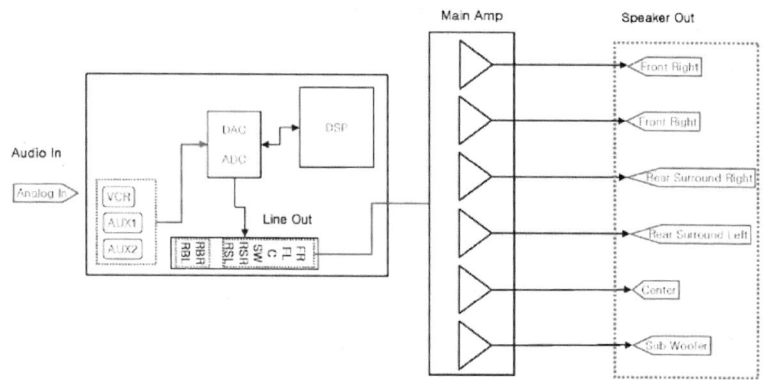

그림 2-21. 5.1채널 시스템의 신호 흐름

아날로그로 입력된 음원이 스테레오로만 레코딩 된 경우 5.1채널로 변환해 주는 기능을 갖는다. 디지털로 입력된 디스크의 16비트 44.1kHz의 오디오 데이터 신호를 24비트 192kHz로 업 샘플링하는 기능이 탑재되어 있기도 하다[11].

디코딩이 이루어진 신호는 비로소 DSP 칩셋에서 채널을 분리 처리하여 각 채널별로 고유의 신호를 부여받는다. 프로세서에서 처리된 오디오 데이터를 DAC과정을 거쳐서 하이파워 증폭 앰프에 도달하여 6채널 또는 8채널 등으로 분산한다. 각각의 신호를 충실하게 증폭하여 스피커로 출력하게 되는 것이다.

이런 복잡한 내부 과정을 처리하는 데 아날로그 방식으로 구성하면 DSP 신호 처리 과정이 디지털이므로 음장 효과를 재생하는 데 디지털 디코더 시스템이 요구된다. [그림 2-22]은 디지털 시스템 내부 처리 블록도이다.

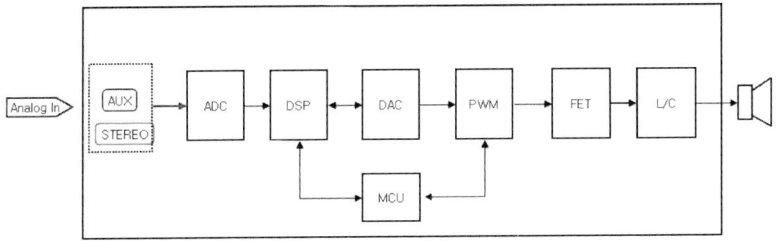

그림 2-22. 디지털 앰프의 블록도

   홈시어터의 입력 신호 디지털 데이터를 DAC를 거치지 않고 직접 DSP로 처리한 후 디지털 앰프에서 증폭하여 스피커로 출력하는 시스템으로 설계한다. DTV로 전송되는 디지털 방송을 직접 S/PDIF 단자로 입력한다[12]. 영상과 음향이 입력될 때 지연 시간이 발생되지 않도록 하며, 아날로그에서 발생하는 잡음이나 음의 손실 없이 실시간으로 디지털 음향을 감상할 수 있도록 한다.

제3장

디지털 홈시어터 음향 기술 및 특성 분석

1. 디지털 앰프 분석

가정이나 상점, 학교 등 사람이 있는 모든 곳에는 스피커가 설치되어 있으며 음악이나 방송을 전달하는 매체로써 많이 사용하고 있다. 고출력의 하이파이 시스템으로 좁은 공간에서도 충분히 음악 감상과 영화 감상을 즐길 수 있도록 효율이 좋은 디지털 앰프를 설계한다. PC 및 기타 통신 기기와도 연결 사용이 편리한 디지털 홈 네트워크용 제품을 개발하여, 오디오와 통신을 하나로 묶는 홈 네트워킹 분야의 오디오 시스템으로 디지털화 발전을 도모하게 된다[19].

[그림 3-1]과 같이 디지털 방식으로 샘플링 된 오디오 PCM (Pulse Code Modulation)신호를 받아 펄스폭 변조를 통한 PWM (Pulse Width Modulation) 신호를 LPF에 통과시켜 아날로그 파형의 증폭된 오디오 신호를 출력한다.

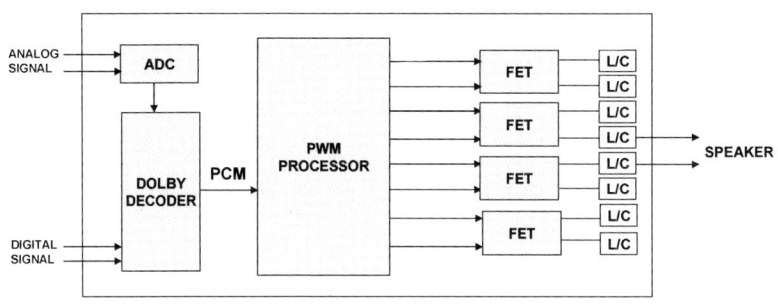

그림 3-1. D-클래스 디지털 앰프의 블록도

DVD 오디오의 24bit 96kHz 기록 방법을 이용하면 다이나믹 레인지 즉, 가장 작은 소리와 큰소리의 차이가 140[dB]가 되는 음악 신호의 기록도 가능하게 된다[13]. 디지털 소스들을 재생할 때는 CD 플레이어 등에 내장되어 있는 DAC를 이용해서 일단, 아날로그의 소신호로 바꿔 준 다음 아날로그 앰프로 증폭하게 된다.

IC 혹은 트랜지스터를 이용한 아날로그 증폭기는 그 자체에서 열운동에 의한 잡음을 발생시키므로 이러한 정밀 신호 제품이 우수성을 발휘하지 못하고 음향 신호의 왜곡을 가져오게 되는 것이다. 디지털 앰프는 이런 문제점을 모두 해결할 수 있는 획기적인 방법이다. 디지털 앰프는 증폭을 위해 신호를 PWM이라고 하는 디지털 신호의 한 가지 형태로 바꾸어 준 다음 이를 증폭한다. PWM 신호는 1bit의 디지털 신호로서 소리의 크기는 단지 신호의 길이로만 기록되며 PWM을 증폭하는 증폭단은 일종의 스위치로서 트랜지스터의 직선성에 전혀 영향을 받지 않는다. 이 PWM 신호는 저주파 필터를 통과시키면 바로 원래의 아날로그 신호로 복원되는 성질이 있다[14].

디지털 증폭기는 PWM 증폭을 이용해 디지털 신호 상태에서 증폭을 한 후 저주파 필터를 이용해서 아날로그 신호를 복원시키는 시스템을 말한다. 하이파이의 성능을 가진 디지털 앰프는 최근까지 상업화되지 못하였다. 그 이유는 PCM신호를 PWM신호로 변환하는 디지털 신호 처리 알고리즘이 100MHz 이상으로 동작해야 하고 고속 DSP ASIC(Application Specific Integrated Circuit)설계 기술과 소 신호 PWM을 대전력 PWM으로 디지털 스위칭 증폭하는 다양한 기술이 조화를 이루어야만 하이파이의 성능이 구현되기 때문이다.

1) 디지털 앰프의 구성과 기능

디지털 앰프의 기초적인 동작 구성은 외부 입력 아날로그 신호를
디지털 신호인 PCM 데이터로 변환하는 ADC 설계이다. 입력 신호
의 증폭 단계가 디지털 신호 상태에서 이루어지므로 아날로그 증폭
회로와 비교할 때 신호의 왜곡이 근본적으로 다르다고 할 수 있다.
소스가 디지털인 경우 음원 소스로부터 앰프로 신호가 전달되는 과
정에서 음질의 변화를 방지할 수 있는 장점이 있는 것이다.

[그림 3-2]는 AD컨버터 신호 처리의 흐름도이다.

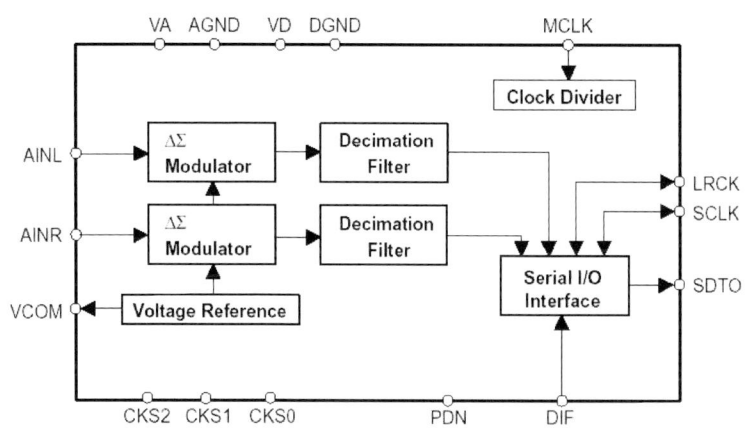

그림 3-2. ADC 처리의 흐름도

기존의 아날로그 앰프는 소자들의 열잡음으로 인한 노이즈가 내재
하므로 일정 수준 이상의 S/N(Signal to Noise Ratio)비를 갖는 증폭
회로 개발이 이론상 어려움이 있었다. 디지털 앰프는 증폭에 관여하

는 소자들이 열잡음에서 해결되어 이론상 양자화 비트수에 비례하여 무한대의 S/N 비를 확보할 수 있었다. 아날로그는 앰프의 열이 많아 냉각을 위하여 방열판을 사용한다. 파워 앰프는 전력 손실이 많고, 무겁고, 두꺼워 이동성이 떨어지는 시스템으로 인식되고 있다. 이러한 점은 멀티미디어 단말기에 사용되는 소규모 아날로그 파워 앰프에도 예외가 아니어서 이동형 멀티미디어 단말기의 개발에 난제가 되고 있다.

디지털 앰프의 경우는 신호를 디지털 상태에서 스위칭 증폭하므로 90% 이상의 효율을 얻으며 소형, 경량, 고효율로 제작이 가능하다 [15]. 배터리를 사용하는 이동형장치에 사용하기에 적합하다. 아날로그 부분이 극소화되므로 필터부를 제외하면 한 개의 주문형 반도체로 제작 가능하며 대량 생산에 의하여 생산비를 많이 낮출 수 있다. 고충실도, 고효율의 증폭기를 염가로 만들 수 있다는 점에서 비교할 수 없는 우위를 갖는다. [그림 3-3]은 디지털로 입력 처리되는 간단한 블록도이다.

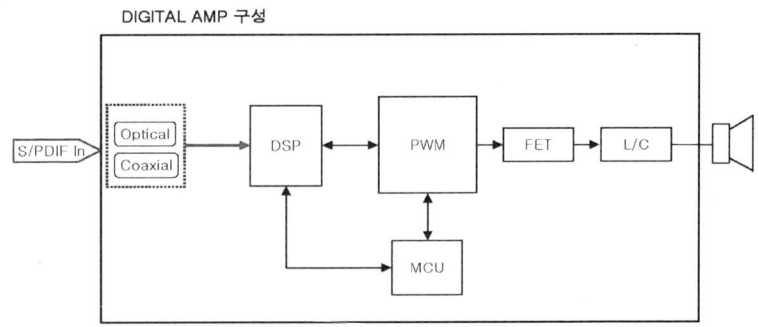

그림 3-3. S/PDIF 디지털 처리 블록도

디지털 신호 처리는 신호가 증폭되기 전에 스피커의 액티브 크로스오버(active crossover)와 이퀄라이저(equalizer) 등에서 위상차와 왜곡 보정 등의 입력된 데이터를 기초로 하여 DSP를 구현한다. 입력된 디지털 오디오 신호를 5.1채널 또는 7.1채널 데이터로 디코딩하기 위한 기초 작업과의 중복된 절차이기도 하다.

디지털 신호 증폭 기술은 영상 처리, 음성 처리와 스위칭 전원 용량 기반 기술로서도 매우 중요한 역할을 할 수 있다[16]. 디지털 사운드의 디코더에서 일정한 시간 간격으로 [그림 3-4]같이 샘플링된 PCM 신호를 높이가 일정한 폭의 변조를 통해 FET 스위칭 회로 등을 통과하여 출력하기도 한다.

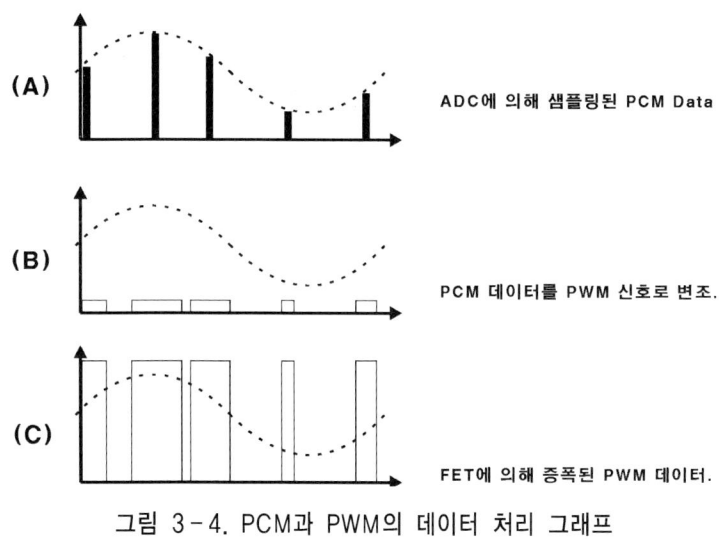

(A) ADC에 의해 샘플링된 PCM Data

(B) PCM 데이터를 PWM 신호로 변조.

(C) FET에 의해 증폭된 PWM 데이터.

그림 3-4. PCM과 PWM의 데이터 처리 그래프

디지털 앰프는 일반 아날로그 앰프에 비하여 디지털 시스템이 갖는 노이즈에 강한 IC로의 집적화가 용이하며, 다음과 같은 몇 가지 장점이 있다. 작고 가벼운 앰프 구현이 가능하다. 디지털 앰프는 소자의 선형성에 영향을 받지 않으므로 바이어스 등이 불필요하다. 앰프의 높은 효율과 적은 발열량으로 기존 아날로그 앰프에서 사용하는 크고 무거운 방열판을 필요로 하지 않으며 아날로그 앰프 대비 동일한 출력에서 적은 전원 장치를 사용하게 된다.

2) 앰프 특성 및 주파수 분석

1990년대까지는 디지털 앰프라고 하면 DSP가 탑재된 아날로그 앰프를 지칭하는 경우가 대부분이었다. 2005년도 이후 디지털 앰프란 용어의 의미를 재정립하게 된다. 디지털 앰프를 PWM 펄스 방식으로 증폭하는 고성능 고효율 앰프라는 의미로 이해하고 있다. 디지털 앰프는 다음과 같이 세 가지 종류로 사용되고 있는 것으로 정의할 수 있다.

첫째로 풀 디지털 앰프는 디지털 형식의 오디오 데이터를 직접 받아 디지털 신호처리에 의해 디지털 앰프 프로세싱을 거치게 되며 최종적으로 PWM 디지털 출력을 생성하는 방식이다. 신호 처리 영역이 디지털 프로세싱이며 가장 진보된 디지털 앰프 방식이라고 할 수 있다.

둘째로 아날로그 입력을 받아 아날로그 방식으로 PWM 디지털 신호를 형성하는 방식으로 디클래스라고도 불리는 이 방식은 PWM 출력을 만든다는 것 외에는 첫 번째 경우와 별다른 공통점이 없다. 디클

래스는 전체적으로 아날로그 회로를 사용하기 때문에 아날로그 방식
이 갖는 한계를 그대로 가지고 있다. 디지털 증폭은 [그림 3-5]의
LPF 회로를 설계하게 된다. 증폭된 PWM 신호는 384kHz 대역을 갖는
다. 가청 주파수 이외의 불필요한 주파수를 제거하며 출력하게 된다.

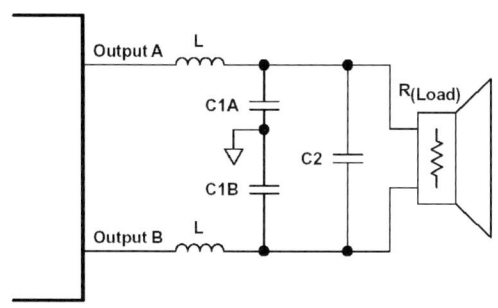

그림 3-5. LC 로우 패스 필터 회로

셋째로 디지털 앰프를 구성하는 부품으로 디지털 앰프 프로세서에
서 출력된 낮은 레벨의 PWM 신호를 고출력 PWM 신호로 바꾸어
주는 파워 스위칭 회로를 구현한다. IC화되어 부품으로 상용화된 경
우도 있다. 이렇게 PWM 프로세서의 7.1채널 블록 다이어그램을 [그
림 3-6]과 같이 나타낼 수 있다.

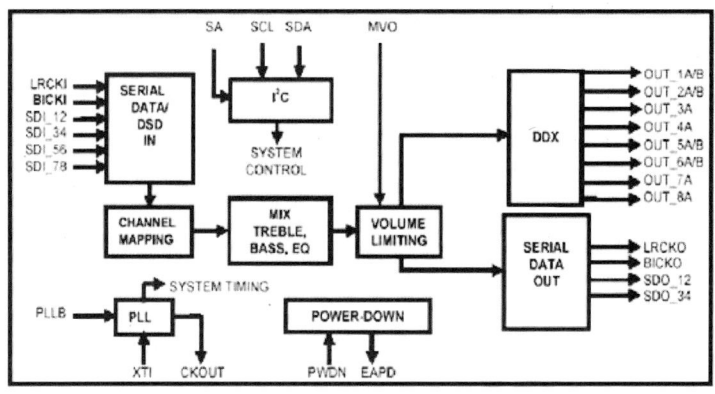

그림 3-6. PWM 7.1채널 블록도

디지털 앰프와 아날로그 앰프의 성능을 비교해보면 [표 3-1]과 같이 나타낼 수 있다. 노이즈에 강하고 다양한 음장 효과가 가능하며 고출력 앰프에 유리하다.

표 3-1. 디지털 앰프와 아날로그 앰프 성능 비교표

디지털 앰프	아날로그 앰프
노이즈에 강하다 디지털 신호 처리에 의한 노이즈 제거	노이즈가 많고 개선에 어려움이 많음 HUM & NOISE의 개선의 한계가 있음
소형, 경량화 설계가 가능하다 적은 열 발생과 SMPS 고효율 특성	소형, 경량화의 한계성 있음 발열로 효율의 저하(대형 방열판 필요)
디지털 데이터 입력 지원이 가능하다 디지털 데이터를 직접 입력지원(S/PDIF) DVD 디지털 원음의 손실이 없음	디지털 데이터 입력 처리비 및 음 손실 DAC 추가에 따른 원가 상승 DAC 과정 중 음 손실 발생
다양한 음장 효과 구현 가능하다 DSP로 쉽게 음장 효과 구현	복잡한 회로 구성으로 음장 효과 구현 다양한 음장 효과 구현이 난해함
고출력 앰프에 유리함 원가 절감 및 제품 공간 절약	저출력 앰프에 유리함 고출력일수록 원가 및 사용 면적 상승

앰프의 음질을 판단할 수 있는 기준에서 [그림 3-7]과 [그림 3-8]에서처럼 THD(Total Harmonic Distortion) 찌그러짐 왜율을 비교해 본다.

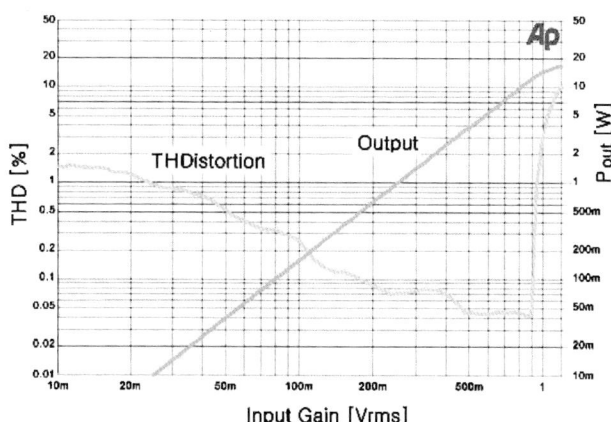

그림 3-7. 아날로그 THD 그래프

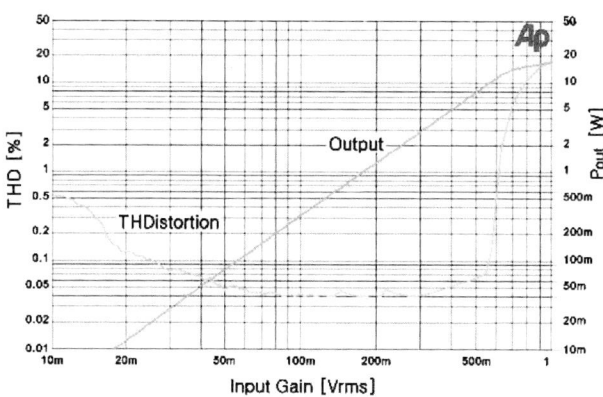

그림 3-8. 디지털 THD 그래프

음질을 판단할 때 왜율을 입력 대비 출력을 비교하면 아날로그일 경우 기준 주파수 1kHz에 입력 게인 200mV 입력 시 왜율은 약 1.0%이고 그때의 출력은 0.6[W]밖에 되지 않는다. 디지털 앰프의 자료에서 동일한 주파수 동일한 게인 값을 입력하였을 때 왜율은 0.4%이며 그때의 출력은 1.5[W]로 아날로그 시스템의 성능에 약 2배의 효율을 나타낸다.

주로 많이 사용하는 D급 앰프는 펄스 대역 변조 방식을 사용하여 트랜지스터나 MOSFET 등 스위칭 모드로만 동작시키기 때문에 최소의 전력만을 필요로 한다. 최고 출력 시 90% 이상의 효율을 내면서 좋은 음질을 낼 수 있다. 스위칭 노이즈를 제거하기 위해 저역 통과 필터를 거쳐야 하는데, 고역대가 감소하고 신호의 위상이 변하며 왜곡이 생긴다는 단점이 있다. 반면 디지털 시스템에서는 [그림 3-9]에서처럼 노이즈가 거의 없는 그래프를 볼 수 있다.

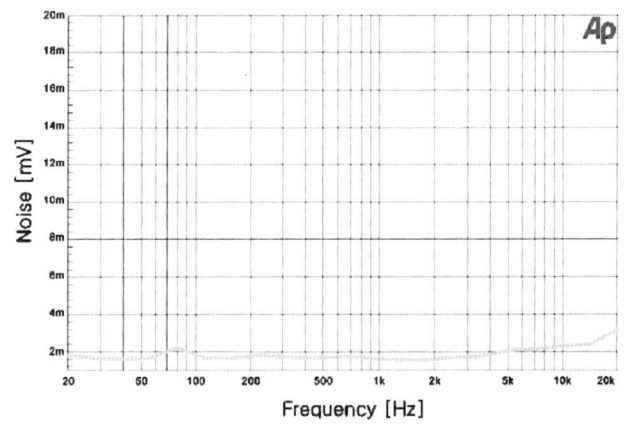

그림 3-9. T클래스 앰프 노이즈 그래프

빠른 속도의 펄스가 스위칭 소자를 동작시킬 때 생기는 EMI(Electro Magnetic Interference)와 RFI(Radio Frequency Interference)는 디지털 앰프의 태생적인 문제로써 PWM 신호로 바꿀 때도 완벽한 펄스로 재생되지 않는다[17]. PCM신호와 달리 PWM 신호는 지상파 노이즈 등에 아주 민감하게 반응한다. 고역대가 감소하고 신호의 위상이 변하며 왜곡이 생긴다는 단점이다. T급 방식이란 D급 앰프 회로의 이런 문제점을 디지털 파워 프로세스 기술로 해결한 것이라고 한다.

2. 디지털 앰프 스피커 연결

디지털 앰프는 멀티미디어 컴퓨터와 홈 스테레오 기기 TV 등과 부피와 무게를 줄이는 전자 제품 시스템에 많이 사용하고 있다. 모바일 시스템들은 휴대가 가능하면서도 원하는 기능과 성능을 만족하기 위하여 블루투스(bluetooth)나 RFID(Radio Frequency Identification) 등의 방법을 이용한다[46]. 모바일 기기에서 재생하는 입체 사운드를 이어폰이 아닌 스피커로 구동하는 방법도 개발 중이다.

이때 적용하는 기술의 기본은 본 연구에서 언급한 돌비디지털의 입체 음향 기술과 디지털 앰프를 기초로 한다. 지상파 DMB(Digital Multimedia Broadcasting)방송도 디지털 음향을 전송하게 되면서 음원을 낭비하는 일은 없어지며 IP(Internet Protocol)기능을 추가하여 홈 네트워크에도 호환이 되는 시스템으로 연결될 것이다. 디지털 신호는 아날로그와 달리 신호 데이터가 일부 누락되어도 에러(error)가

나지 않으므로 스피커에서 음 자체가 사라지는 현상이 발생하지 않
는다.

1) 저출력 다채널 스피커

주로 많이 사용하는 저출력 다채널 스피커 시스템에서는 20[W]급
D클래스 싱글 앰프를 사용한다. MPS7720 칩을 이용하는 것은 출력
대비 왜율이 0.06%의 저왜율을 보유하며 7.5~24VDC의 폭넓은 전원
을 사용하기 때문이다. 온도 보호 회로가 내장되어 있어 멀티미디어
관련 제품에서 많이 이용한다.

앰프의 입력 게인을 조절하기 위하여 아래 [그림 3-10]의 테스트
회로에서 $R1$과 $R4$ 시정수의 게인은 식(3.1)과 같이, 주파수는 식
(3.2)와 같이 계산한다.

$$A_V = \frac{-R4}{R1} \qquad\qquad (3.1)$$

$$f_0 = \frac{1}{(2\pi\sqrt{LC})} \qquad\qquad (3.2)$$

아날로그와는 달리 저역의 주파수와 신호가 쉽게 통과하며 시스템
전원을 켜고 끄고(on off)할 때 팝(pop)노이즈가 발생한다. 이 노이즈
를 줄이기 위하여 C9 지역에 전해 콘덴서 1000㎌/25V 이상을 설계
하게 된다.

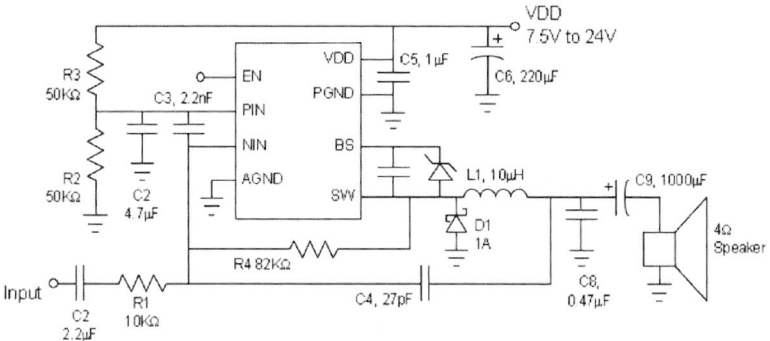

그림 3 - 10. MP7720 IC 테스트 회로

디지털 연결에서 인덕터, 캐패시터(inductor capacitor) LC필터를 스피커 출력 단에 설계하게 된다. 저출력 앰프에서 사용하는 필터의 값은 L1의 10μH와 C8의 0.47㎌의 콘덴서로 LC 필터를 구성하였다. 최근에는 벽걸이용 스피커 시스템과 자동차 카오디오에서도 사용하며 휴대용 PMP 기기 및 멀티 복합형 네비게이션(navigation) 시스템에도 설계한다. 다채널 스피커 및 무선 스피커 등에서 서라운드의 기능을 재생하거나 본체의 증폭부에 주요 소자로 설계하고 있다.

2) 고출력 다채널 스피커

디지털 앰프를 고출력 시스템에서 채널별로 425[W]급으로 설계한 것을 실용화하기도 한다. 5채널만 해도 2,125[W] 정도가 되는 것이다. 이런 앰프를 아날로그로 할 경우 많은 비용과 시간을 투자해야 한다. 기존의 방식을 감안하여 시스템을 설계하면, 알루미늄으로 방열을 극대화하고 섭씨 85°C 정도에서 보호회로(thermal protection)를 추가해야 하며 전원 공급기(power supply)도 50[A] 이상의 전류가 필요하게 된다.

하이 파워의 출력으로 충분히 고품질의 음악 신호를 재현해 내기 위해서는 노이즈가 없는 고품질의 SMPS 전원이 필요하며 입력 게인 변조를 결정하기 위한 설계에서 식(3.3)처럼 입력 전압의 게인 값을 산출해 볼 수 있다.

$$A_V = - \frac{R_F}{R_I} (\frac{R_{FBC*} (R_{FBA} + R_{FBB})}{R_{FBA} * R_{FBB}} + 1) \qquad (3.3)$$

R값의 시정수를 대입하여 산출하면 아래와 같이 계산할 수 있다.

$R_I = 20\text{k}\Omega$, $R_F = 20\text{k}\Omega$
$R_{FBA} = 2.21\text{k}\Omega$, $R_{FBB} = 1\text{k}\Omega$, $R_{FBC} = 20\text{k}\Omega$
$$A_V = - \frac{20\text{k}\Omega}{20\text{k}\Omega} (\frac{20\text{k}\Omega * (1\text{k}\Omega + 2.21\text{k}\Omega)}{1\text{k}\Omega * 2.21\text{k}\Omega} + 1) = -30.05[V]$$

홈시어터에서는 디코더, 리시버 앰프, 스피커 등 모두 중요하지만 그중에서도 앰프의 성능이 좋지 못할 경우 홈시어터의 감동을 전달하기 곤란하다. 따라서 고출력의 다채널 앰프의 필요성을 요구하는 것이다. 홈시어터 장비의 성능이나 시스템의 구성과 조화를 고려해야 한다. 앰프, 스피커, 영상, 설치 공간 등 각각의 요소들이 조화를 이루지 못하면 홈시어터로서의 감동은 줄어들 수밖에 없다. 홈시어터 시스템에서 중요한 구성 요소는 극장과 같은 웅장한 입체음향을 전달해 줄 스피커이다. 스피커는 제품별로 오차와 편차가 크고 현장감을 크게 좌우하므로 성능이 좋아야 한다[16]. 대사 전달과 목소리 재생 대역 전용의 센터 스피커, 전면 스피커, 후면 스피커, 서브우퍼 등 각 채널을 맡은 스피커의 밸런스가 맞지 않으면 만족스러운 소리를 얻을 수 없다.

3. 디지털 영상 기기와 음향 기기 원리

1) DVD 영상과 음향 동작 원리

1994년에 MMCD(Multi-Media Compact Disc) 규격을 제안한 일본의 소니, 네덜란드의 필립스 등과 1995년 SD(Super Density) 규격을 제안한 일본의 도시바, 유럽의 톰슨, 미국의 워너브라더스 등이 서로 자기들의 규격이 우수함을 주장하며 치열한 DVD 규격 논쟁을 하였다. 미국의 영화업 제품과 PC업체들의 통합 규격에 합의하여 DVD(Digital Versatile Disc)라고 정하고 영상 및 DVD-ROM의 통합 규격을 제정하여 발표하였다[45].

DVD는 물리적으로 작은 피트와 세밀한 트랙(track)으로 구성되는데 트랙을 읽기 위해서는 CD보다 짧은 파장의 레이저 빔과 정확한 초점을 위한 기계적 메커니즘이 사용된다. [그림 3-11]에서 DVD의 디스크 구조는 0.6㎜ 두께의 디스크를 2 매 접합한 양면 구조로 디스크의 총 두께는 기존 CD와 같은 1.2㎜ 두께이다. DVD에서는 피트의 크기를 작게 하고, 트랙의 폭을 좁게 하여 디스크의 기록 밀도를 높였다[43]. 최소 피트의 크기를 CD의 경우 0.83㎛인데 0.40㎛로 작게 하였으며 트랙의 폭을 CD의 경우 1.6㎛인데 0.74㎛로 좁게 함으로써 디스크의 기록 밀도를 높게 할 수 있다.

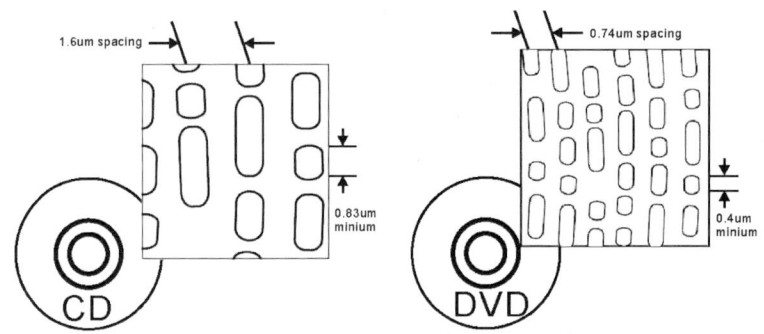

그림 3-11. CD와 DVD의 기록 밀도 비교

현재 DVD 비디오는 돌비 디지털을 채용하여 음질이 뛰어나며 MPEG-II 방식으로 압축해 화질이 뛰어난 디스크이다. DVD는 싱글 레이어 구조의 디스크일 때는 CD의 7배에 달하는 4.7GB의 데이터를 저장할 수 있고 양면 듀얼 레이어 구조의 디스크일 때는 17GB의 데이터를 저장할 수 있다.

디지털 돌비 5.1채널 홈시어터 시스템과 연결하면 영화관에서와 같은 생생하고 박력 있는 고음질의 사운드를 느낄 수 있다. 한 개의 자막과 음성 언어만을 출력할 수 있었던 기존의 영상 매체와는 달리 영어와 중국어 등은 물론, 평균 8개국의 다른 자막을 원할 경우 해당 국가 언어를 출력해 주는 기능이 있다.

2) HDTV의 음향

가정에서 많이 이용하는 TV는 HDTV(High Definition Television) 고해상도 디지털 TV가 보편화되고 있다. 디지털 기술의 발전으로 디지털 비디오 기술로 인한 기존의 480i급 NTSC영상도 디지털화하여 화질의 향상을 한 것을 비롯하여 영상 신호 해상도 소스 자체를 1080i급으로 증가시켜 차원 높은 화상을 구현한다[18]. 이로 인하여 480i급이 아닌 1080i급 고주파에도 대응할 수 있는 디지털 TV로 교체되고 있다.

디지털 방식의 TV는 컴퓨터와 유사한 정보 매체로서 PC의 역할을 일부 수행할 수 있는 것이 장점이라 할 수 있으며, 고해상도 방식으로 DTV 방송을 보는 데 필요한 기능이 포함되어 있다. 디지털 TV는 DVD와 마찬가지로 MPEG2 방식으로 인코딩 디코딩되며, DVD에서 채택되었던 돌비 디지털이 HDTV의 표준 오디오 규격으로 채택되었다. 공중파 방송을 통해서도 HDTV의 고화질과 5.1채널, 7.1채널 등의 돌비 디지털의 입체 음향 감상이 가능하게 된 것이다. [표 3-2]는 각국의 디지털 지상파 DMB(Digital Multimedia Broadcasting)방송 사양의 비교표이며 [표 3-3]에서는 국내 디지털 위성 방송과 지상파 방송의 비교표이다[19].

HDTV용 셋탑박스(set-top box)는 지상파나 위성을 통한 HD신호를 수신하고 해독(decoding)하는 기기이다[19]. 비디오 인터페이스는 HD 영상 출력을 위한 콤포넌트 단자와 RGB 단자 그리고 DVI(Digital

Video Interactive)단자 등이 장착되어 있다. 가장 최신 규격인 DVI는 디지털 인터페이스로 DVI를 장착한 HDTV와 연결 시에 더욱 고품질의 영상을 감상할 수 있게 된다. 오디오 출력 단자는 DVD플레이어와 크게 다르지 않다. 광 단자 및 동축 단자는 디지털 앰프 등에 연결하여 고품질의 돌비 디지털 음향 신호를 출력하는 것이다.

표 3-2. 디지털 DMB 방송 비교

구 분	미 국	유 럽	일 본
규 격	ATSC (Advanced Television System Committee)	DVB-T (Digital Video Broadcasting)	독자기능
전송방식	VSB (Vestigial Side Band) • 송/수신탑 이용 • Sine Wave 이용	COFDM (Coded Orthogonal Frequency Division Multiplexing) • Mobile에 강함	QPSK 변형방식 (위성)
VIDEO	MPEG2	MPEG2	MPEG2

표 3-3. 국내 디지털 방송 비교표

구 분	위성방송	지상파방송
방송규격	DVB-S/QPSK 전송방식	ATSC/VSB 전송방식
영상출력	480i, 480p, 1080i, 720p	480i, 480p, 1080i, 720p
STB영상출력단자	Component, RGB	Component, RGB
음성출력	Analog Stereo **Dolby Digital Sound**	Analog Stereo **Dolby Digital Sound**
채 널	최대 71개 채널	5개 채널

4. 홈시어터 스피커

1) 시스템 구동 원리와 구성

홈시어터 디지털 음향 기술의 발달로 극장에서만 즐길 수 있었던 멀티채널 서라운드 음향을 가정에서도 즐길 수 있게 되었다. 극장처럼 사실감과 감동을 줄 수 있는데, 홈시어터에서 사용되는 사운드 포맷은 서라운드와 돌비 프로로직 등으로 표현하는 돌비 디지털 서라운드, DTS 등의 디지털 음향 기술이 있다. [그림 3-12]는 5.1채널의 인코딩 기본도이다.

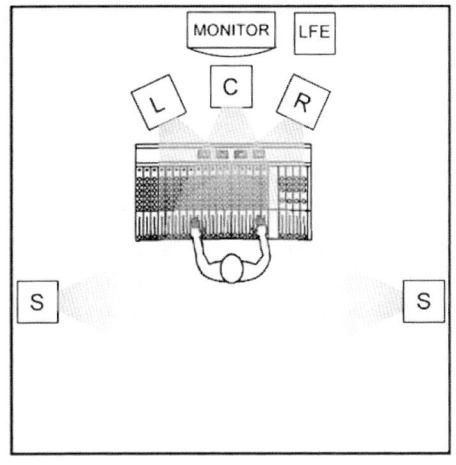

그림 3-12. 5.1채널 인코딩 구성

전면 좌·우 스피커와 센터 스피커를 자기중심에 위치하고 후면의 서라운드는 자기중심에서 멀리 떨어져 스피커가 서로 마주 보도록 위치한다. LFE채널의 서브우퍼는 주파수를 저음역 30Hz~250Hz를 기준하기 때문에 벽면을 이용하여 전달되는 효과를 얻는다[42].

돌비프로로직IIx라고 하는 포맷은 7.1채널을 의미한다. 5.1채널 홈 시어터에 후면 좌·우측 중앙에 서라운드 스피커를 설치하고 후면부 에는 후면 좌·우 스피커를 설치하여 전체 음장감을 높이고 게임이 나 컴퓨터 음악, 디지털 방송 등에서 [그림 3-13]같이 7.1채널의 풍 부한 사운드로 영화나 음악을 감상하게 된다.

7.1채널을 비롯하여 9.1채널과 11.1채널 등 다양한 사운드의 포맷 이 개발되고 있으나 현재 홈시어터 시장에서 5.1채널, 7.1채널이 기 준이 되고 있다.

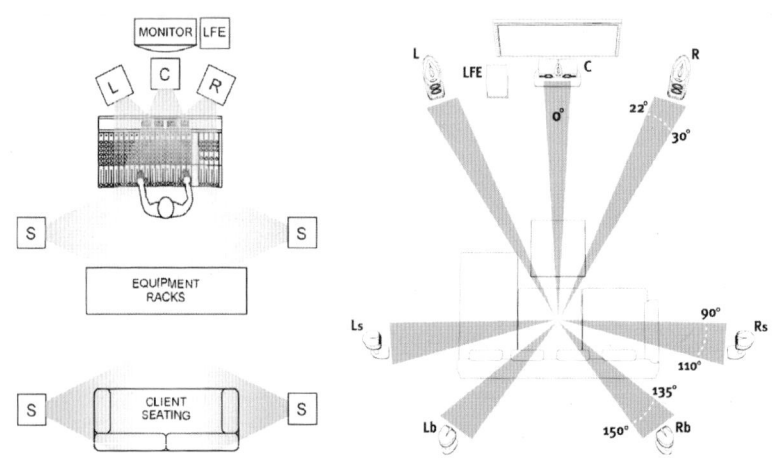

그림 3-13. 7.1채널의 인코딩 및 설치 각도

9.1채널, 11.1채널 등과 같은 시스템은 다양한 관객을 위한 극장용 시스템으로 설치하고 있다. [그림 3-14] 같은 시스템은 서라운드 기법과 믹싱하는 기술을 돌비 자료 91536 매뉴얼을 기준해서 음원을 레코딩하게 된다.

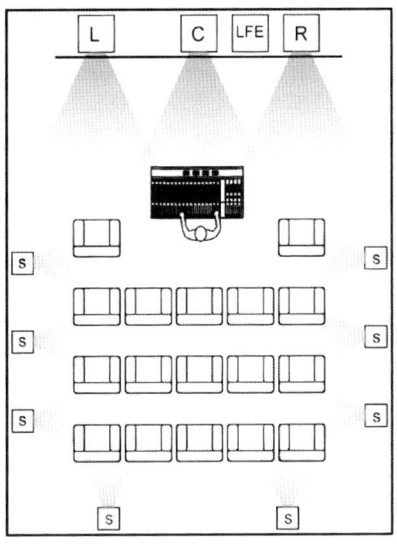

그림 3-14. 9.1채널과 11.1채널 시스템의 구성

음원이 입력되어 구동되는 동작 원리는 프로듀싱 및 믹스(mix)된 사운드 입력을 디지털 입체 음향으로 인코딩을 하게 된다. 음향 데이터를 영상 미디어 파일에 비트 스트리밍(bit stream)을 하여 돌비 디코더로 입력되면, DSP 처리를 한 후 앰프를 거쳐서 출력하게 된다. 입력부터 6개 채널 이상의 입력을 오디오 코덱으로 처리하는 것

을 돌비 디지털이라 말하며, 기존의 VCR 등 스테레오 시스템을 보유하고 스테레오로 입력된 음원을 6개 채널 급으로 분리 및 재생해 주는 기능을 돌비 프로로직이라고 한다. [그림 3-15]는 프로로직과 돌비디지털의 신호의 내부 흐름도이다.

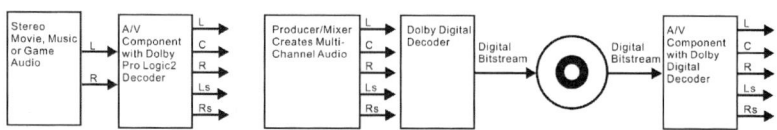

그림 3-15. 4.1채널 프로로직과 5.1채널 돌비 디지털 신호 흐름

　최근에는 돌비 TrueHD라는 차세대 음향 기술이 개발 진행 중이다. 고화질과 고음질을 주장하는 돌비연구소의 차세대 음향 기법으로 음의 손실이 전혀 없는 완벽한 코딩 기술이다[48]. 8개 채널을 이용하여 24bit 96kHz를 지원하며 고화질의 HDMI(High Definition Multimedia Interface)를 지원하는 싱글(single) 광 단자, 동축 단자 케이블을 사용한다. 영상과 오디오를 연결하는 데이터를 연장하여 다이나믹한(dynamic range) 음장을 조절하게 된다. 고화질의 HD DVD와 블루레이(blu-ray) 디스크를 표준화하여 7.1채널로 완벽하게 사용하게 된다.

　부피와 무게를 줄이고 휴대가 가능한 멀티채널의 입체음향 스피커를 모바일 기기에도 내장하게 될 것이다. MP3 등에서 지원되는 음원이 5.1채널, 7.1채널로 전환되고, 모바일 기기에서도 멀티채널을 재생하면 향상된 음질과 자연스러운 입체 음향을 감상할 수 있게 된다.

제4장

디지털 7.1채널 홈시어터 시스템 설계

본 장에서는 디지털 7.1채널 홈시어터의 각 기능들을 상세히 설명하고 구현된 블록의 구조와 측정 결과를 비교한다. 본 연구에서 설계하는 시스템은 완전 디지털 증폭(full digital amplifier)기술이다. 디지털 오디오 입력소스 PCM(Pulse Code Modulation) 신호를 아날로그로 변환하지 않고 디지털 시그널 프로세싱을 통하여 직접 펄스로 전환한다.

DD전환 (Digital－to－Digital conversion) 과정을 거쳐 소출력의 펄스를 [그림 4-1]과 같이 저주파 통과 필터를 거쳐 출력하는 방식이다. 디지털 펄스로 전환되는 과정에서 아날로그 신호로 존재하는 구간이 없으므로 아날로그 신호로 변환하거나, 다시 디지털로 변환할 때 생기는 신호의 손실이 없다. 아날로그 소신호 상태에서 외부 잡음의 영향을 받는 일도 없다. 신호의 저감 없이 다양한 디지털 신호 처리 과정을 추가할 수 있다. 디지털의 기본적인 장점을 갖게 되는 것은 물론, 소형으로 구현할 수 있다는 강점을 갖게 된다. 아날로그 입력을 위해서 기존 방식의 신호 처리도 가능하도록 설계하였다.

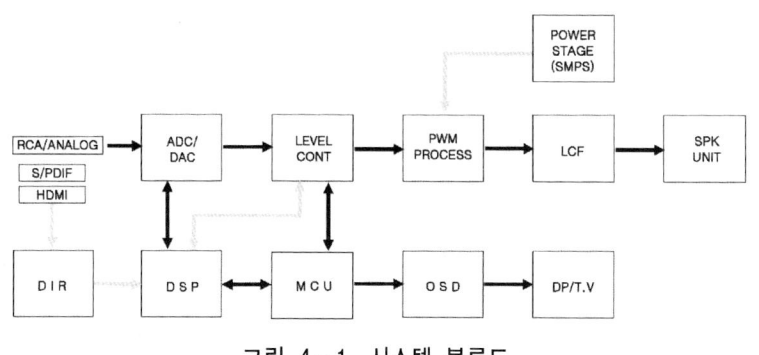

그림 4-1. 시스템 블록도

1. 홈시어터 시스템 설계

서브우퍼를 포함한 2.1채널이 시장에 확산되고 있을 때, SRS음향과 큐사운드 등의 3차원 입체 음향 기술이 도입되었다. 돌비 음향 연구소는 잡음 및 노이즈 관련 기술 이외의 새로운 디지털 음향 기술인 4.1채널 이상의 사운드 포맷을 발표하였다. 이를 적용한 홈시어터 시스템은 고가임에도 불구하고 오디오 시장의 커다란 발전을 하게 되었다. [그림4-2]와 같이 현재 5.1채널의 홈시어터 시스템은 갖고 싶은 가전 제품 또는 혼수품의 대표 품목으로 지정될 만큼 생활 오디오의 중요한 부분을 차지하고 있다.

그림 4-2. 5.1채널 홈시어터 시스템

멀티미디어 컴퓨터 등의 일부에서만 지원하던 5.1채널 사운드 카드는 대량 생산으로 인하여 가격이 저렴해지고, PC에 기본으로 내장되기도 하였다. 게임 산업에서는 7.1채널 인코딩을 사용하면서 세계적으로 유명한 PC 제조 회사들은 7.1채널 사운드 카드를 기본으로 제공하고 있다. 국내 전자 제품 대리점 등을 통하여 7.1채널 스피커 시스템이 컴퓨터와 번들(bundle) 또는 일반 상품으로 판매되고 있는 실정이다. 소형의 아날로그 제품이기는 하지만 컴퓨터 환경에서는 7.1채널이 기본 사양으로 자리잡은 것이다.

홈시어터는 영화 감상도 중요하지만, 고품질의 음향을 감상하기 위한 것으로 실황 공연을 느낄 수 있는 조건이 요구된다. 홈시어터는 영화나 음악을 듣기 위한 단순 설치 작업이 아니라 음향 공간 등을 창조하는 것이다. 다양한 기술의 시스템을 조합하며 콘텐츠의 발전은 홈시어터의 중요한 역할을 한다.

소프트웨어에도 많은 투자와 개발이 필요하고, 공간도 여러 가지 다목적으로 사용 가능하도록 설계되어야 한다. 음향 공간의 설계 및 설치, 시공 등도 시스템을 설계, 개발하는 것 못지않게 중요하다. 1989년 설립되어 홈시어터 및 전자 제품을 설치하는 기업들의 국제 무역 기구라고 할 수 있는 미국의 홈시어터, 전기 전자 시스템 설치업협회 CEDIA(Custom Electronic Design and Installation Association)에서 자체적인 홈시어터 설치 교육을 통하여 멤버십 제도가 주어지고 있다. 따라서 홈시어터는 공간 음향의 결정체로도 평가받고 있는 것이다.

2007년도 삼성경제연구소에서 발표한 한국 주력 산업의 경쟁력 자료를 보면 홈시어터 시스템은 디지털 홈 네트워크에서도 필요한 기기로 자리 매김하고 있다[19]. 아파트의 설계에서도 홈시어터 공간을 별도로 확보하기도 한다. 일상생활에서 많이 사용하는 홈시어터 시스템은 설치 환경 등을 충분히 검토하여 설계 시부터 유의 사항을 적용해야 한다.

아파트 등에서는 완벽한 차음과 진동 방지를 해야 한다. 홈시어터 사운드의 고출력은 주변에 피해를 주지 않도록 해야 한다. 음악과 영화 감상을 하고 다양한 엔터테인먼트 기기를 접속하여 개인의 취향에 따라 충분히 즐기면서도 타인에게 피해를 주지 않도록 해야 하는 것이다. 이러한 문제가 사전에 차단이 될 수 있도록 설치 환경, 공간에 알맞은 시스템을 설계해야 한다. 예를 들어 서브우퍼의 경우 벽면이나 바닥을 이용하지 않고 공간에서 출력을 발휘할 수 있도록 한다. 공간에서 만족하고 청취 주변에는 전달력이 약해지도록 스피커 설계를 중앙과 미로형 덕트(duct) 등을 이용하여 개발하도록 한다. 음장 표현을 위한 공간 음향 설계를 시도하거나 각 채널별 스피커의 지향성을 고려하여 설계한다[21]. 빔포밍(beam forming)방식 등을 적용하여 소음이 되지 않도록 설계하는 것도 또 다른 방법이다.

저음의 공진은 전체 음의 명료도를 떨어트려 공간이 좁을수록 음의 명료도가 더 떨어지는 느낌이 있다. 코너 지역에 설치할 경우 사면을 모두 이용하게 되므로 저음이 전체의 음압보다 약 6[dB] 이상 증가하는 경우가 있다. 이러한 경우 저음이 풍부하여 음성 보이스 대역을 포함한 전체 명료도가 떨어지게 된다.

저음역 재생을 위한 서브우퍼의 게인 값을 다른 여러 개의 스피커보다 일정치에서 약간 높여 전체 음장 효과의 균형이 맞도록 구현하는 것을 시스템 설계 시 유의할 사항이다. 소리가 강하게 퍼져나가는 방향도 있고 잘 나가지 못하는 방향도 있다. 진동면의 지름이

파장보다 작으면 소리가 균일하게 각 방향으로 퍼져 나가지만 파장과 비교하여 진동면이 크면 클수록 소리는 정면 방향으로 모아져 복사되는 성질도 있다[22]. [그림 4-6]과 같이 스피커 진동음의 확산 및 진행 방향을 나타낼 수 있다.

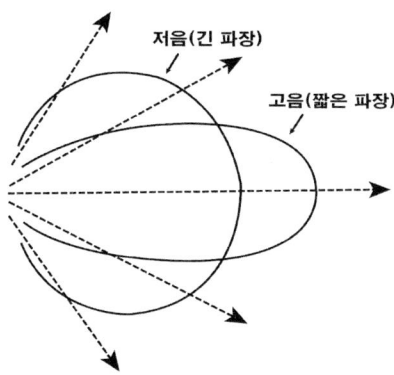

그림 4-3. 스피커 진동 진행 방향

서브우퍼와 같은 250Hz 이하의 저음은 파장이 길어서 주변의 벽이나 천정 등에 부딪혀 음의 진행 방향이 좌·우측으로 벌어지면서 멀리 전파된다[23]. 고음의 경우는 파장이 짧고 전면을 향하여 직진으로 전파되어 깔끔한 사운드를 재생하게 된다. 주로 보이스 대역 이상의 주파수에 해당하며 명료도를 증대하는 트위터 고음 설계를 할 때 이용된다.

2. 각 모듈별 동작 설명

홈시어터 신호 입력은 디지털 신호 처리를 하기 위하여 S/PDIF 표준 규격 디지털 신호의 인터페이스로 사용된다. 외부에서 연결되는 기기 간의 디지털 전송에 사용한다. I^2S신호는 동기식으로 전선의 길이가 길어질 경우 신호의 손실이 발생하기 쉽고 여러 가닥의 선을 이용하기 때문에 취급하기 까다롭다[24].

S/PDIF 신호의 경우는 전송 중 약간의 감쇄가 있어도 정확한 전달이 가능하다. 신호 자체가 시그널(signal)과 그라운드(ground) 신호로 두 가닥으로 구성되어 있고 장거리로 멀리 신호를 보낼 수 있기 때문에 많이 선호되고 있다. 이런 S/PDIF 신호는 사운드 카드를 비롯하여 DDC(Digital Compact Cassette), DAT(Digital Audio Tape)와 AV앰프 등에 다양하게 사용되고 있으며, 전송 환경에 따라서 광 단자와 동축 단자 등이 사용된다.

일반적으로 디지털 기기 간 원본의 손실 없이 전달하기 위해 아날로그 신호 전송보다 디지털 전송을 선호하고 있는 것이다. S/PDIF의 케이블 간 저항의 권장치는 75Ω이며, HDTV등 DTV 환경에서도 이 단자를 사용한다. 디지털 이외의 아날로그 RCA 입력의 경우도 호환이 가능하도록 설계하여 ADC 기능을 추가하였다. 돌비디지털 음향을 위하여 모든 입력이 DSP 처리를 경유하고 레벨 컨트롤에서 사용자 개인의 청취 환경을 위하여 이퀄라이저 등을 조절한다. 음량 조절은 물론, 음장감을 극대화하기 위한 지연시간(delay time)을 기존 돌비 디지털에서는 5ms를 고정하였으나 새로운 음장감을 가질 수 있도록 0~15ms까지 조절이 가능한 방법으로 설계하였다.

리시버와 디코더 그리고 스피커를 일체화하면서 외부 컨트롤 패널을 홈시어터 시스템에서는 최초로 OSD(On Screen Display) 기능을 내장 설계하였다. 시청 중인 TV 화면에 직접 문자나 그래픽으로 볼륨 조절 및 현재의 상황을 표현하고 각 채널별로 기능을 표시하게 된다. 어두운 곳에서도 프론트 패널을 확인하지 않고 시청 중인 화면에서 확인하는 기능은 편리성을 제공하게 된다.

3. 홈시어터 시스템 구현

DVD 플레이어는 물론 공중파 등에서 제공하는 멀티채널의 입체음향 음원을 [그림 4-4]과 같이 직접 수신하여 동작한다. DTV와 같이 고화질의 영상과 고음질의 5.1채널, 7.1채널의 입체 음향을 감상할 수 있는 시스템을 설계하도록 한다. 디지털 신호를 재생할 때 지금까지는 DAC를 이용해서 디지털 신호를 아날로그로 변환시킨 다음에 아날로그 앰프로 증폭을 했다. 아날로그 앰프는 전자의 열운동에 의한 잡음과 증폭 소자의 불완전한 직선성 때문에 음향 신호의 왜곡을 피할 수 없었다.

디지털 앰프에서 PWM 신호는 1bit의 디지털 신호로서 소리의 크기는 단지 구형파 신호의 폭(width)으로만 기록된다. PWM 신호를 증폭하는 스위칭 출력단은 온 오프만 반복하므로 증폭 소자의 직선성에 전혀 영향을 받지 않는다. 전원 이용률이 높은 D클래스 앰프로는 아날로그 앰프의 전체 문제점을 극복하는 데 한계를 갖고 있다.
여러 문제점을 해결하기 위하여 풀 디지털 앰프 시스템을 구축한다.

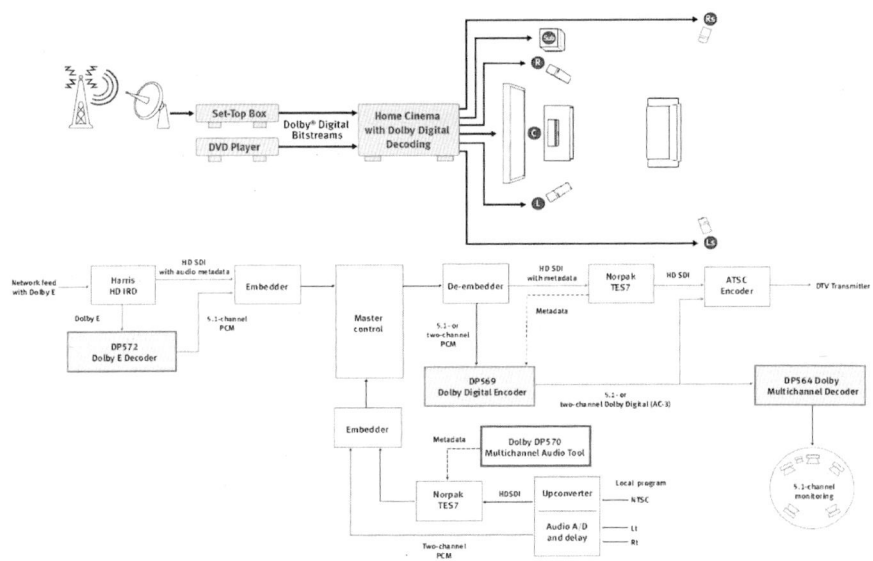

그림 4-4. DTV 시스템의 구축

1) 입력부 설계

일반적으로 아날로그 신호가 입력되어 돌비 입체 음향으로 출력하
는 기능을 수행하기 위해서는 ADC를 거쳐야 한다[25]. [그림 4-5]
와 같이 외부의 아날로그 오디오 신호를 PCM 데이터로 변환하게
된다. 음향 신호는 24bit 96kHz로 샘플링을 하게 되고 오디오 출력
포맷은 I^2S 직렬 버스 전송 방식을 이용하게 된다.

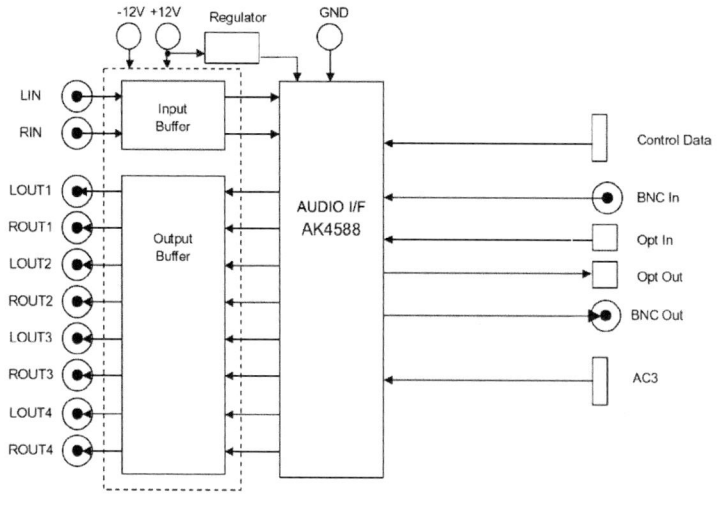

그림 4-5. ADC 프로세서 블록도

아날로그 LIN, RIN 스테레오 신호가 입력되어 8채널의 출력으로 변환하는 기능을 포함한다. 오디오 인터페이스에서 주요 기능은 S/PDIF 로 입력되는 디지털 신호와 AC3 신호 및 DSP 컨트롤 신호를 주고 받으며, 디지털 오디오 신호를 출력하게 된다. 사용 전원은 +/-12V 양 전원을 이용한다. S/PDIF 디지털 광 단자 입출력이 가능하다. 오 실레이터 및 샘플링 주파수를 위한 클럭소스(clock source)는 12.288MHz 크리스털 진동 소자를 사용하였다.

ADC 및 DAC에서 샘플링 주파수를 96kHz로 하였을 때 주파수 응답도가 가장 평탄하고 왜율도 안정적인 그래프를 나타낸다. [그림 4-6]는 ADC 샘플링 96kHz에서의 가청 주파수 대역 입력 레벨 1kHz - 0.5[dBFS]의 조건에서 주파수 응답도 그래프이다. 중저음이

평탄한 특성을 보이며 고음 대역 20kHz 이상에서 +/−3[dB]편차를
보이는 것이 매우 안정적이라 할 수 있다.

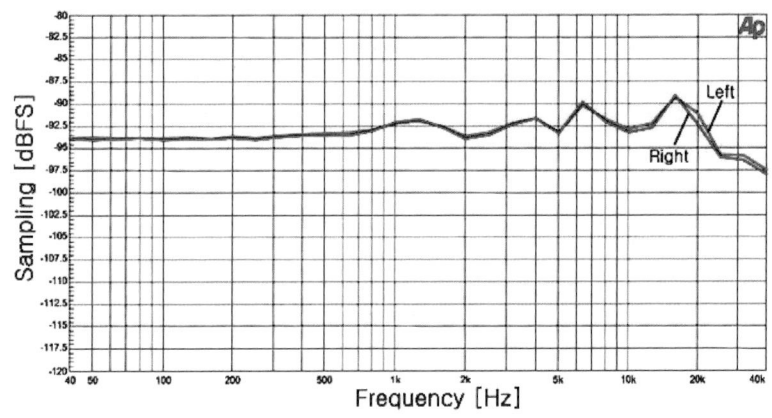

그림 4 - 6. ADC(FS96kHz) 주파수 응답도

디지털 오디오 신호에서 최대 출력 표현의 한계는 모든 비트가 1
인 경우이므로 이러한 출력이 얻어지는 아날로그 입력 레벨을 0[dBFS]
로 표시한다. −10~−3[dBFS]와 같이 '−' 영역이 정상 동작 입력 영
역이 된다. 디지털 기기에서 아날로그 디지털 변환기 입력 레벨이 너
무 작으면 양자화 잡음이 발생하고, 너무 크면 최댓값을 초과하여 큰
오차가 발생한다. 역시 마찬가지로 DAC를 설정하기 위하여 그래프
를 [그림 4 -7]처럼 전송 레벨 기준점에 대한 가청 주파수 대역 전
체를 두고 주파수 응답도를 결정한다.
　L채널과 R채널의 밸런스 편차가 약 2.0~2.5[dB]를 갖는다. 5kHz
대역까지는 안정적이지만 고역에서 약 5[dB] 정도 상승하다가 가청

주파수 대역 외 20kHz 지점에서부터 불필요한 주파수를 6[dB] 이상 하락하는 기능으로 설계한다. 디지털 신호 처리를 위하여 일정 시간 간격으로 샘플링된 PCM 신호를 높이가 일정한 폭의 변조를 통하여 앰프 회로를 통과하도록 한다.

각 채널의 레벨을 컨트롤하는 기능을 추가하여 사용자 스스로 음량과 음폭을 조절하는 기능을 갖도록 DSP와 레벨 컨트롤 환경을 구현하게 된다.

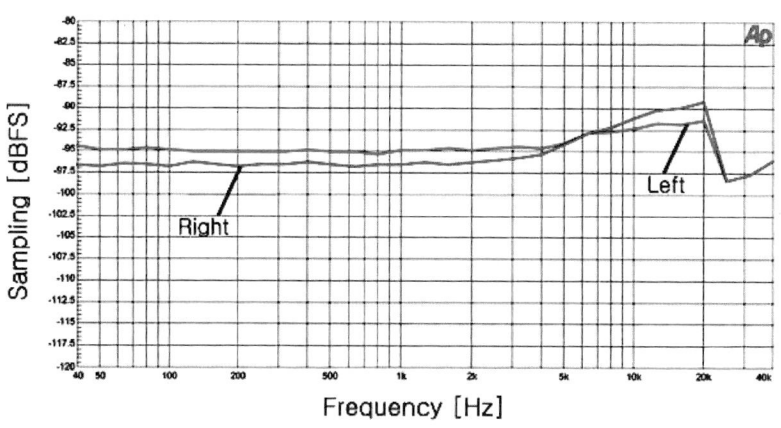

그림 4 - 7. DAC (FS96kHz) 주파수 응답도

2) DSP 및 레벨 컨트롤 설계

디지털 입력을 5.1채널과 7.1채널로 전환하기 위하여 디코더 기능이 필요하다. 디지털 음원 처리를 위하여 DSP를 이용하게 되는데, 임의로 설계해서는 안 되는 부분이다. 국제 표준화된 인코딩 음원을

정확하게 디코딩하기 위하여 돌비 음향 연구소(Dolby Laboratories)
에서 지정한 DSP칩의 디코더 알고리즘을 사용해야 한다.

가장 안정적인 칩으로는 [그림 4-8]과 같이 모토로라 DSP56367
코어 등을 사용하여 S/PDIF를 입력 지원한다. 24bit 96kHz의 신호를
내부 처리속도 150MHz의 클럭을 이용하여 시리얼 오디오 인터페이
스(Enhanced Serial Audio Interface)로 5.1채널과 7.1채널 등으로 분
류 처리하게 된다. 시리얼 입력도 인터페이스할 수 있으나 임의로
음향 효과를 다양하게 하기 위하여 주파수를 변환하거나 처리 시간
을 변·복조 하는 방법으로 설계해서는 안 된다[26]. 국제적으로 표
준화된 돌비 디지털 음향을 인터페이스하기 위해서는 디지털 시스템
의 기본 사양으로 설계하여야 한다.

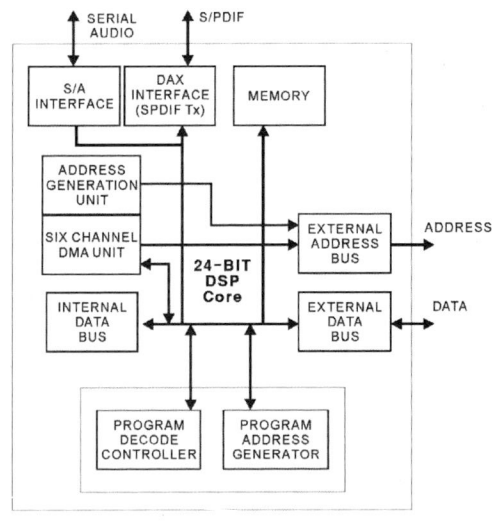

그림 4-8. DSP 디코더 블록도

인간은 [그림 4-9]와 같이 20-200Hz의 주파수 영역의 소리는 옆 방향, 300~4,000Hz 대역의 소리를 앞 방향, 5,000~20,000Hz 주파수의 소리는 뒤 방향으로부터 분해해서 듣는 기능이 있다[27].

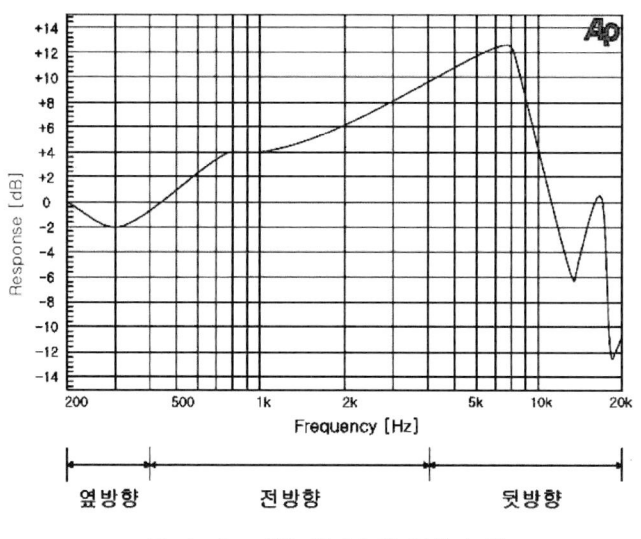

그림 4-9. 가청 주파수의 청취 능력

인간의 청취, 분해기능을 이용하여 좌·우 두 개의 스테레오 음원을 조합 연산하여 소리의 반사 또는 옆 방향 등의 소리를 강조하면 현장감 있는 3차원 입체 음향을 재생할 수 있다. 이러한 아날로그 방식으로는 디지털 방송에서 표준화된 돌비디지털 음원을 재생하는 기능으로는 알맞지 않으며 7.1채널 홈시어터 스피커 시스템에 적용하기는 곤란하다.

DAC 또는 DSP를 경유한 디지털 신호의 레벨을 조절하는 회로를

[그림 4-10]과 같이 구현한다. 스테레오 2채널을 비롯하여 7.1채널을 직렬 케이블 방식의 고속처리를 하게 된다. 기존의 제품은 디지털 음향이 지원하는 서라운드 음향 및 서브우퍼 온 오프의 기능으로도 충분하였다. 본 구현에서는 음량 볼륨 컨트롤 기능에서 사용자가 개인별 취향에 알맞은 톤(tone)을 조절할 수 있다. 저음(bass)과 고음(treble) 조절 기능을 추가하였으며 돌비 디지털 음향 처리에서 지원하는 파노라마, 영화, 음악 모드, 보이스 대역을 확장한 학습 모드 등의 컨트롤도 가능하게 설계되었다.

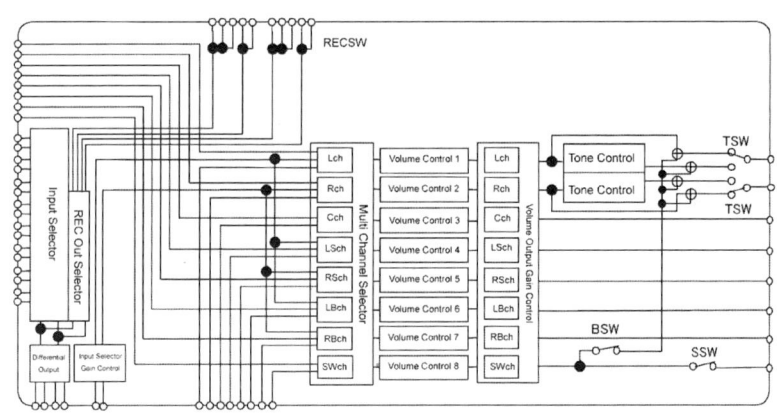

그림 4-10. 8채널 레벨 컨트롤 블록도

음량 및 레벨 컨트롤은 기존 아날로그 방식과 동일하게 각각의 채널을 조율할 수 있다. 레벨의 게인은 0[dB]를 기준하여 +/−3[dB] 단위로 +/−18[dB]까지 레벨조절이 가능하다[28]. 기존에 저항과 캐패시터를 이용하여 시정수를 변환하는 레벨 조절보다 월등하게 설계

가 간단하다. 아날로그에서는 입력부터 출력까지 전 처리 과정을
RC값으로 조절하지만 디지털 시스템에서는 블록 단위로 설계가 가
능하고, 블록 단위로 변경, 수정 등이 간단하게 해결된다.

3) 홈시어터 디지털 앰프 설계

음악이나 효과음에 대하여 영화의 박진감과 웅장함 등의 감동을
전달하기 위하여 일정한 공간이 필요하다. 돌비 연구소에서 요구하
는 설치 각도, 위치를 설계에 반영하게 된다. [그림 4-11]같이 주파
수 특성 그래프에서 전 대역을 평탄하게 재생해야 10kHz 이상의 고
주파 대역에서도 맑은 소리가 재생된다.

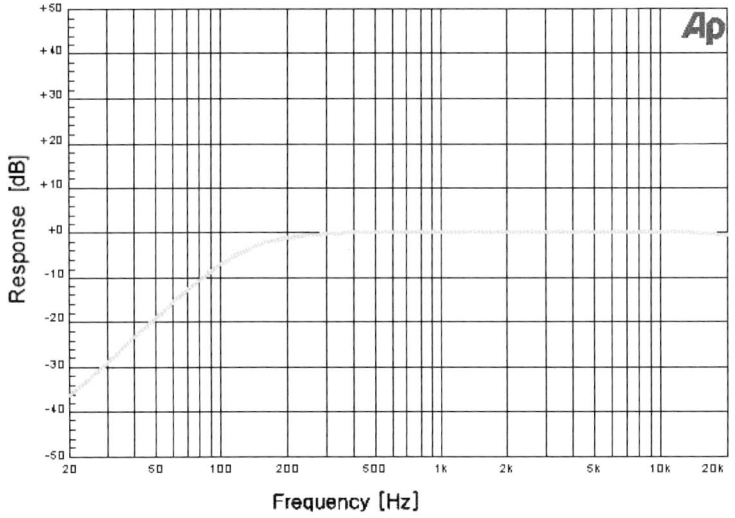

그림 4-11. 가청 주파수 특성 그래프

센터(center)스피커와 전면(front)스피커 등에서 전 대역(full range) 재생에 충실해야 한다. 스테레오의 경우보다 향상된 입체 음향 서라운드는 직접 음과 반사 음, 그리고 신호 지연을 통해 발생하는 사운드로 인하여 음장 효과가 뛰어나다. 대사의 전달이나 음성 등의 명료도와 효과음 전반의 입체감이 떨어지지 않도록 각각의 스피커마다 주파수 응답도(frequency response)에 충실한 설계를 해야 한다.

가청 주파수 20Hz~20kHz 대역에서 공기를 통해 소리로 전달되는 것을 귀로 듣지만 소리의 양은 매질을 이루는 분자들의 변위로 매질의 밀도나 압력이 가청 주파수 대역의 소리가 진동이 된다. 소리의 속력은 매질에 의해 결정되는 함수이며 소리의 속력이 클수록 압축이 잘 안 된다. 채널별로 입력되는 음향 신호는 아날로그 신호이거나 디지털 음원 신호이다. 아날로그 신호의 경우에는 음향 신호 전용 ADC를 사용하여 DSP, 디지털 TV 음향 등과 같은 디지털 오디오 장치의 기술을 위한 직렬 버스 신호인 I^2S포맷으로 [그림 4-12] 같이 변환한다[20].

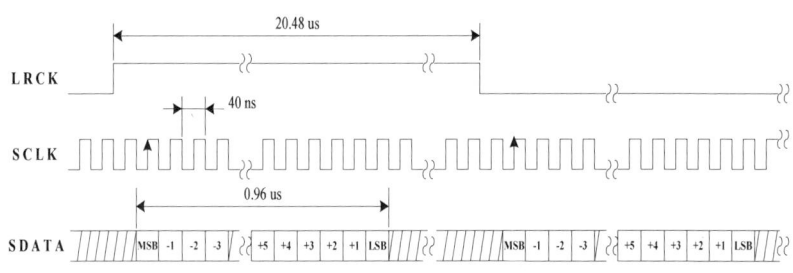

그림 4-12. I^2S 직렬 버스 전송 포맷

96

디지털로 해결한 각 채널별 음향 신호는 압축 과정을 거쳐 패킷으로 만들어져 각 채널별로 오디오에 입력되어 앰프 증폭을 하게 된다[44]. 각 스피커 앰프에서는 전달된 패킷 신호의 채널을 분석하여 해당하는 경우에 압축을 해제하는 과정을 거쳐서 원래의 음향 신호를 복원하고 DAC를 사용하여 스피커로 음향을 출력한다. 디지털 오디오 직렬 버스 신호인 I^2S에서 오디오 데이터인 SDATA는 클럭 신호인 LRCK, SCLK와 분리하여 처리한다. I^2S는 두 채널의 음향 신호만을 표현할 수 있으며 LRCK는 두 채널을 분리하는 신호이다. 즉 LRCK가 '0'일 때는 첫 번째 채널의 신호를 나타내고, '1'일 때는 두 번째 채널의 신호를 나타낸다.

SDATA는 SCLK에 동기를 맞추어 데이터를 출력한다. LRCK의 상태가 바뀌고 다음 SCLK의 하강 에지부터 음향 신호의 최상위 비트인 MSB(Most Significant Bit)를 출력하기 시작해서 매 하강 에지마다 한 비트씩 출력한다. SDATA는 사용하는 모드에 따라서 다양한 크기를 가질 수 있다. 따라서 SDATA가 음향 데이터의 최하위 비트인 LSB(Least Significant Bit)를 출력하고부터 LRCK의 상태가 바뀔 때까지는 유효한 데이터가 없다. 이렇게 출력한 MSB에서 LSB까지의 데이터는 한 채널의 음향 신호를 한 번 샘플링을 해결한 I^2S 처리 과정을 살펴보았다.

디지털 기능을 포함하여 홈시어터 스피커를 돌비디코더와 리시버, 앰프와 컨트롤부, 전원 회로 등을 일체화한다. 디스플레이를 기존 방법과 달리 OSD기능을 탑재하여 사용이 편리하도록 설계하였다. [그림 4-13]은 OSD의 내부 구조 블록도이다.

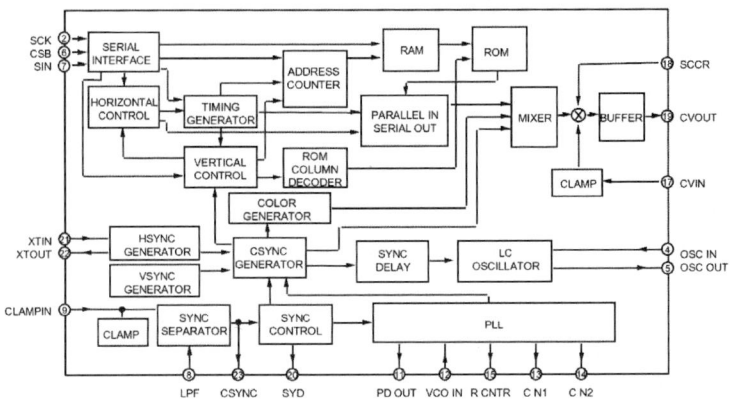

그림 4 - 13. KS5520 OSD 프로세서 블록도

KS5520를 이용하여 그래픽 방식으로 문자를 처리하였다. 문자 구조는 12x18 도트(dots)로 8개 색상으로 표현이 가능하며 일반 LCD 디스플레이에 표시하는 것이 아니라 시청, 감상 중인 TV에 문자를 표현하는 특징을 갖고 있다. 그래픽의 수평과 수직 방향에서 문자를 컨트롤하며 신호와 병렬 처리를 통하여 믹서로 입력되고 버퍼를 통해서 그래픽 문자 등이 출력되는 회로를 갖고 있다. 미국, 한국 등의 NTSC 방식과 유럽 등의 PAL 방식의 TV에 모두 사용이 가능한 것도 장점이다. 현재 표현되는 문자는 영문(english)으로만 구현하였다.

홈시어터 시스템은 다양한 종류의 디지털 신호가 복잡하게 얽혀 있는 시스템이다. 그 복잡한 디지털 신호는 디지털 프로세서에서 파워 앰프로 신호가 출력되면서 스피커로 전달하는 역할을 한다. 스피커는 앰프로부터 받은 전기 신호를 물리적인 설계 구조를 통해 소리로 바꾸어 내보내게 되는 것이다.

이 동작 원리 및 구동 과정은 일반 AV시스템이나 거의 같은 구동 원리이다. [그림4-14]은 기존의 5.1채널 시스템의 동작 상태를 보여주는 블록도이다. 기존 입력에서의 에러(error)체크와 출력 전에 동작 상황을 다시 확인하는 윈도우(window)디스플레이가 장착되는 것이 기본적인 설계이다.

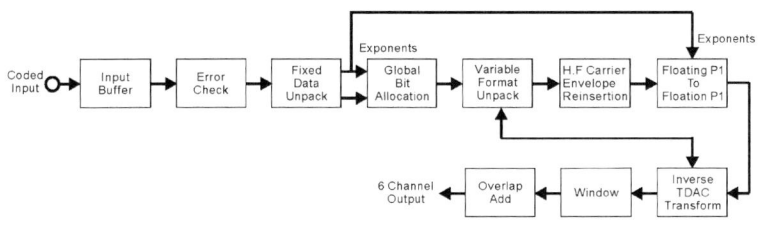

그림 4-14. 홈시어터 신호 흐름

홈시어터 시스템은 다채널이 기본이므로 출력이 멀티채널이어야 한다. 서브우퍼를 포함해서 6개 채널이 기본이며, 사운드 포맷에 따라 돌비 디지털 IIx나 DTS 같은 경우는 8개 채널까지 요구하게 되는 것이다. 오디오 사운드는 영화의 효과음이 차지하는 비중이 크기 때문에 음악적 성격이 강한 하이파이 사운드와는 대역폭과 반응속도, 음색 등에서 강조되는 것이 다르다.

프리앰프와 메인 앰프를 모두 디지털로 설계하고 서브우퍼 본체 내부에 내장한 시스템을 기본으로 설계한다. 흔히 앰프를 선택할 때 출력을 가장 중요한 요소로 확인한다. 앰프에서 출력은 좋은 소리를 만들어 내는 중요한 요소 중에 한 가지일 뿐 절대적인 요소는 아니다. 하지만 출력이 크면 전체적인 음장감이나 효과음 등을 풍부하게 재생한다고 할 수 있다.

디지털 앰프 구현은 [그림 4-15]과 같이 MP7781 회로를 이용하여 640[W] THD 10% 시 출력으로 각 채널별 80[W]/4Ω급의 하이파워 시스템을 설계하였다. 이때 전면, 후면 스피커에 사용하는 유니트 설계는 90[dB]를 기준으로 설계하였다. 평균 88[dB]의 감도를 가진 스피커는 1[W]의 파워를 입력시켰을 때 1미터 거리를 기준으로 88[dB]의 음량을 발생시킨다. 스피커 유니트 설계할 때도 앰프 출력 사양을 충분히 검토해야 한다.

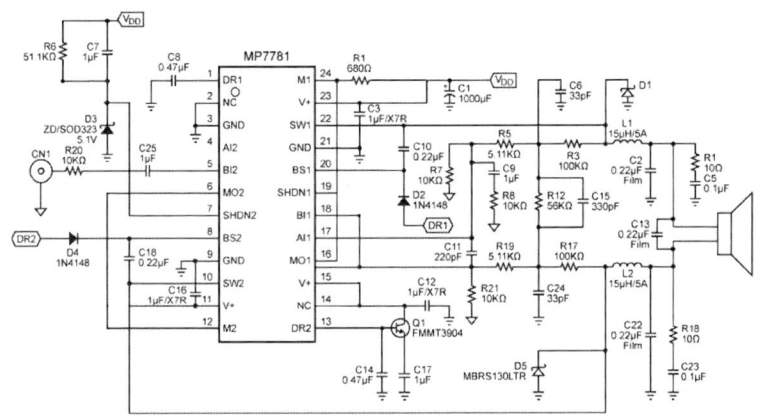

그림 4-15. MP7781 앰프 회로도

LPF를 설계할 때도 L1, L2를 10μH와 C2, C22값을 0.47㎌로 하였을 경우에 로우 패스 필터의 효과가 작아 L값을 15μH와 C값을 0.22㎌ 마일라 콘덴서를 사용하여 [그림 4-16] 80[W]급에서 4Ω, 8Ω 로드에서 왜율 특성이 서로 비슷한 것을 확인할 수 있다.

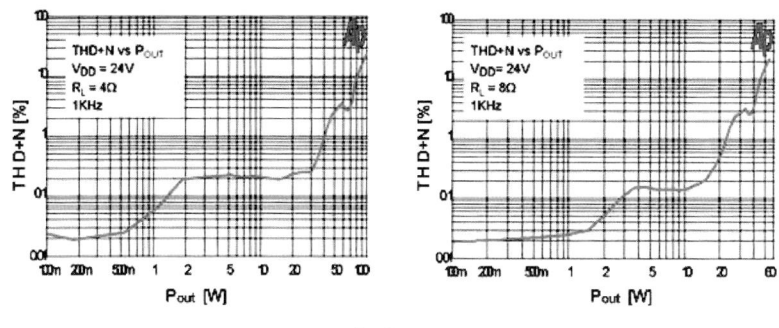

그림 4 - 16. 80[W] THD 10% 그래프

이러한 각각 모듈의 특징과 기능을 감안하여 출력부의 디지털 앰프의 기본 사양을 [표 4-1]과 같이 정한다. THD 10% 시 출력을 80[W]/4Ω로 정하고 출력 대비 왜율을 10[W] 기준 시 0.2% 이하로 하였다.

표 4 - 1. 앰프 구성 요소 및 기본 사양서

구성요소	측정조건	Min	Typ	Max	Units
입력1kHz 왜율10% 시 출력	F=1kHz@THD10%	70	80	90	W
	R_L = 8Ω	40	45	50	W
출력대비 왜율	P_{OUT}=10[W] F=1kHz	0.1	0.2	0.5	%
출력10[W]기준 앰프 효율	F=1kHz, P_{OUT}=10[W]	85	90	95	%
최고 주파수 대역	-3dB point	18	20	22	kHz

실제적으로 DTV와 돌비디지털 홈시어터 음향 시스템을 사용 환

경에 알맞게 사양을 결정하고 다음과 같이 7.1채널의 앰프 스피커 시스템을 설계한다.

TOTAL OUTPUT POWER (THD10%): 640[W]
FRONT LEFT/RIGHT : 80[W] x 2 (AT 4 Ohm)
REAR SURROUND LEFT/RIGHT : 80[W] x 2 (AT 4 Ohm)
REAR BACK LEFT/RIGHT : 80[W] x 2 (AT 4 Ohm)
CENTER : 80[W] (AT 4 Ohm)
WOOFER : 80[W] (AT 4 Ohm)
FREQUECY RESPONSE : 20 Hz ~ 20 kHz
SIGNAL TO NOISE RATION : 95[dB]
HUM & NOISE : < 3mV/1kHz CHANNEL SEPARATION : 50[dB]
THD+N (AT 1kHz) : < 0.1 %   Digital Input : Coaxial & Optical (S/PDIF)
2 Channel Analog Line Input Line Max Input Level 2Vrms
Master Volume : 0 ~ 50 Step
Channel Trim Control : FRONT/REAR/BACK/SURROUND/CENTE
－6~+6[dB]
SUB WOOFER : 0~+18[dB]
EQ Control : FRONT/REAR BACK/REAR SURROUND/CENTER
Bass －10~+10[dB] Treble －10~+10[dB]
Loudness & Tone Control
DRC (Dynamic Range Compression) Control On/Off , －5~+5[dB]
Crossover On/Off , 60 Hz ~ 250 Hz

Dolby Prologic Ⅱx (7.1CH Audio Format)
Normal / Movie / Music / Center / Panorama Mode
Dolby Digital EX (6.1CH Audio Format) Rear Back Mono

앰프의 사양을 결정할 때 스피커 유니트의 중요 부분도 함께 결정되어야 한다. 예를 들어 12인치 급 서브우퍼에서 80[W]의 출력을 재생하기 위하여 다이어프램은 페이퍼를 사용하고 표면의 에지(edge)는 고무 계열을 사용하여 음의 진행을 막아주는 역할을 하도록 한다[29]. 보이스 코일의 보빈은 캡톤을 사용하고 내경 35.5mm의 6.8~7.2Ω의 임피던스를 갖도록 설계한다. 전면, 후면 스피커에 사용하는 풀 레인지의 경우도 스피커 제조 사양에 따라 제작한 후 정격 출력 20[W]에서 48시간의 로드(load) 테스트를 거치게 한다. 앰프에서 음량의 조절은 0~50 정도의 스텝으로 약 10~20[dB] 내의 변화로 결정한다. 볼륨이나 이퀄라이저 기능이 포함되어 각 채널을 조절한다. 험 노이즈는 1kHz 기준에서 3mV 이하로 정하고 채널 분리도는 약 50[dB]를 설정하였다.

하이파워 디지털 홈시어터의 전체 회로도 중 아래 [그림 4-17]은 입력부에서부터 출력부분까지의 회로를 간략하게 정리하고 수정 부분을 표기하였다.

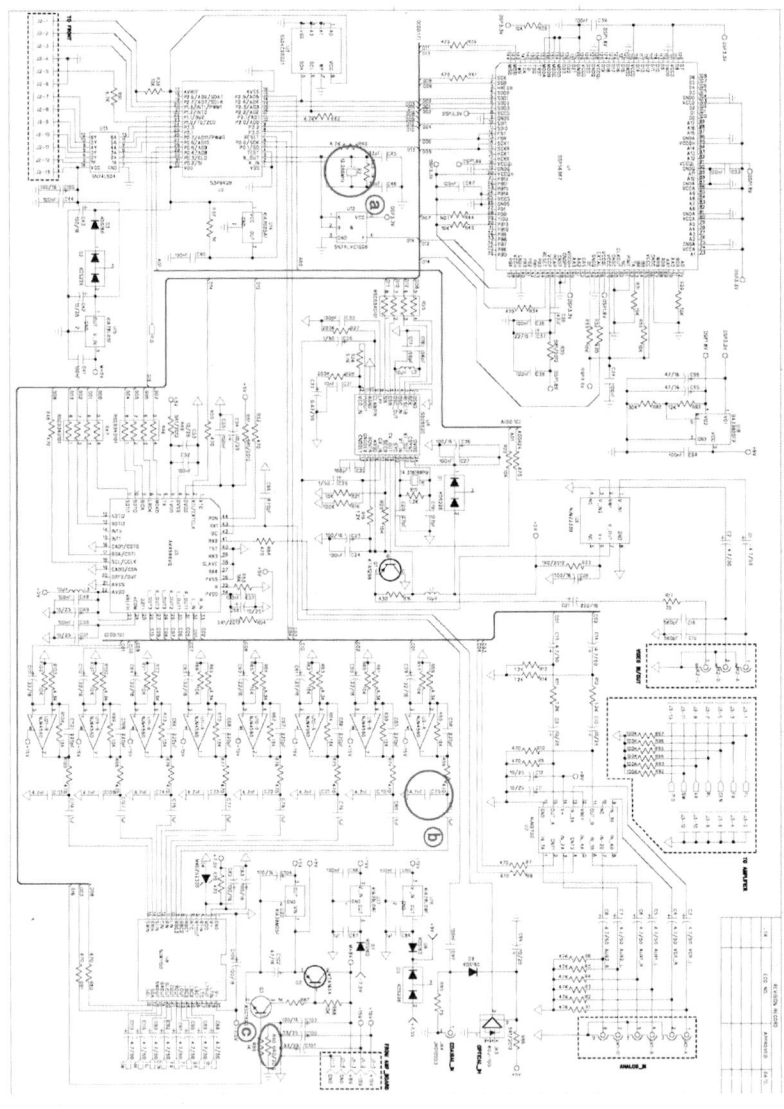

그림 4-17. 7.1채널 시스템의 회로도

저전력으로서 스피커를 구동하기 위해서는 고출력으로의 디지털 증폭이 필요하다. 변조된 펄스 신호를 디지털 앰프 내부에서 출력을 증가시킨다. 이때 출력된 신호는 고주파이며 이 고주파는 노이즈의 발생 원인이다[30]. 따라서 [그림4-18]과 같이 LCF 로우패스 필터를 사용하여 L값으로 고주파를 억제하고 가청 주파수 이외의 불필요한 대역을 C값을 이용하여 그라운드로 제거시켜서 가청 주파수 대역만을 필터하여 스피커로 음향 신호를 전달하는 회로이다.

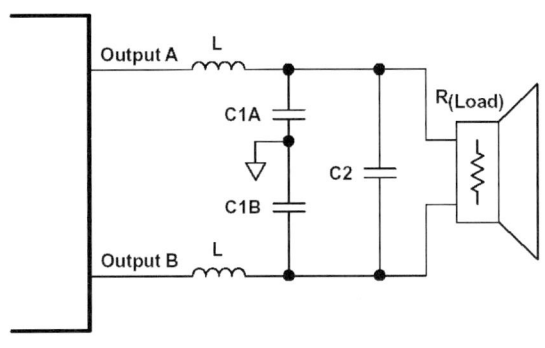

그림 4-18. 로우 패스 필터 회로도

스피커 시스템에서 가장 많이 사용되는 것이 저주파 로우 패스 필터 또는 고주파 하이패스 필터이다. 디지털 앰프는 384kHz를 이용하므로 가청 주파수 이외의 대역을 제거하기 위하여 필터 사용이 기본이다[30]. LC값으로 주파수를 제어하고 그라운드 접지하는 과정에서 저주파와 고주파를 분리하는 기능을 갖도록 한다. 요즘은 폴리 스위치(poly switch) 반도체 소자를 추가 사용하여 낙뢰 등 외부의 전기적 충격으로부터 스피커의 고장을 방지하고 고음과 중저음이 구분하여 재생하도록 설계한다[31]. 각 대역별로 주파수를 구분하여 사용자가 청취하기 좋은 주파수만 재생하는 역할을 담당하게 된다.

회로도의 LC 로우 패스 필터에서 L값은 10μH로 하고 C1A, C1B 값을 33㎌로 설계하였을 때의 주파수 변화 측정치를 [그림 4-19]에서 확인할 수 있다.

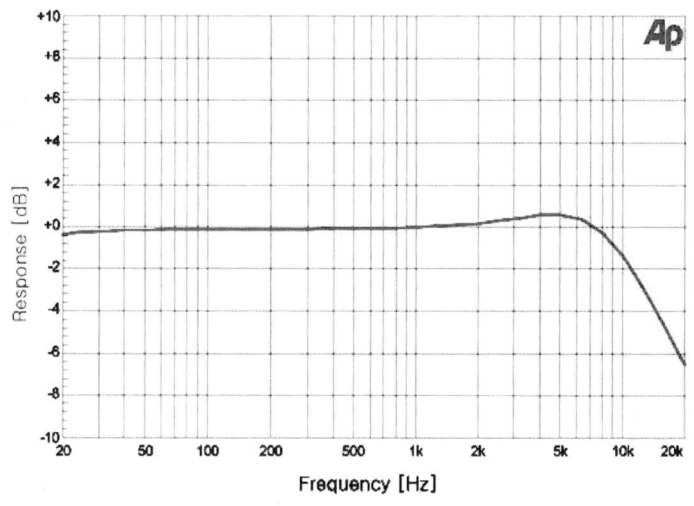

그림 4-19. 필터 회로 개선 전 주파수 응답도

이 측정에서 7kHz 이상의 고주파 대역에서 주파수 재생률이 급격히 떨어지는 것을 확인할 수 있다. 콘덴서의 용량을 0.22㎌로 변경하면서 [그림 4-20]와 같이 20kHz 이상 고역이 충분히 재생되는 것을 확인할 수 있다.

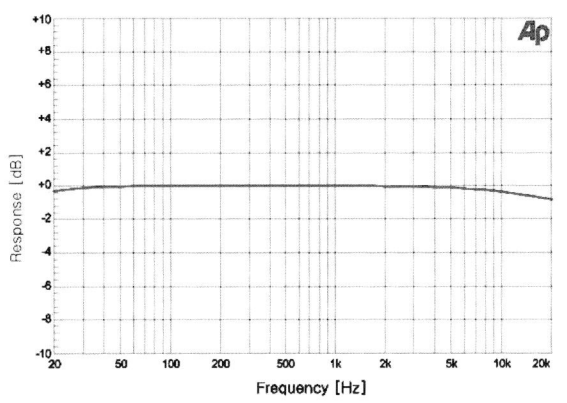

그림 4 - 20. 필터 회로 개선 후 주파수 응답도

시스템 설계에서는 기본적인 음파, 소리의 성질에서 앰프 회로 특성과 합성 기술의 응용을 검토하고 전체 시스템을 전기적, 음향적 요소의 합리적인 사양 구성을 해야 한다. 추가로 기구적 방식 등을 포함한 음향 시스템의 기본 구성을 설계를 하며 아날로그 회로 블록도는 아래 [그림 4 - 21]와 같고, 디지털 설계 시 [그림 4 - 22]와 같이 표현할 수 있다.

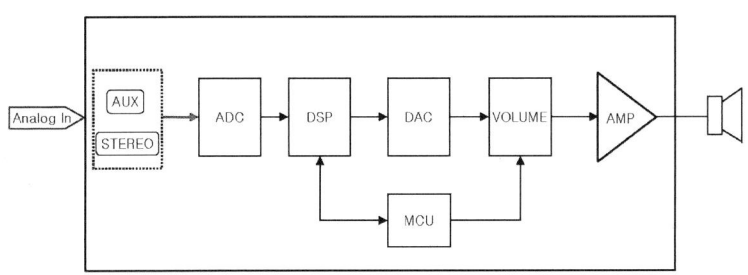

그림 4 - 21. 아날로그 시스템 블록도

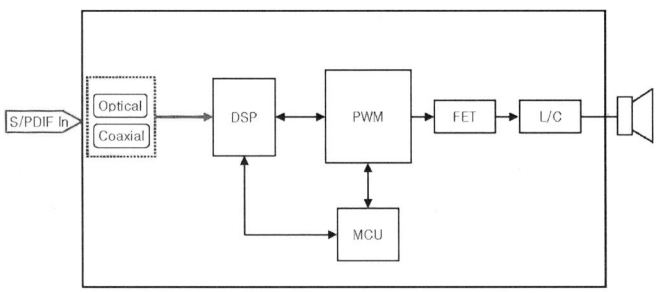

그림 4-22. 디지털 시스템 블록도

아날로그 설계 시 [그림 4-21]와 같이 입력된 신호를 ADC를 거쳐서 DSP로 입력하고 DAC를 거쳐서 오디오에서 출력하는 것이 현재 많이 사용하는 리시버 시스템이다. 앰프의 입력 전원은 DC14~24V±10%로 하고 왜율은 1%를 넘지 않도록 한다. 기준 주파수 대역은 1kHz 실효 출력에서 THD가 1%를 넘으면 스테레오 분리도와 신호 대 잡음비 등이 많이 떨어지므로 음향의 깨끗한 사운드 청취에 무리를 줄 수 있다. 앰프의 입력 임피던스는 10kΩ 이상으로 높게 설정하고 측정 입력 게인(gain)은 1kHz/500mV 이하로 설정하는 것이 좋다. 출력 임피던스는 가능한 낮게, 입력 임피던스는 가능한 높게 설계하는 것이 좋고, 입력, 출력 임피던스가 5배 이상 되는 것은 문제없지만 그 이하는 신호 레벨이 저하되는 경우가 있을 수 있다. 예를 들면 Z_{out}과 Z_{in}의 비가 5배이면 약 17[dB] 정도의 손실이 있다[32]. 케이블의 손실을 고려하여 직경이 굵거나 과잉 케이블은 스피커의 특성을 좋지 않게 한다. 일반적으로 케이블 손실은 0.5[dB] 이하로 한다. 배선 저항에 의한 부하에서의 손실은 식(4.1)로 나타낼 수 있다.

$$Loss = 20\log\frac{R_L}{R_L + 2R_1}[dB] \qquad (4.1)$$

R_1 = 배선의 저항

R_L = 부하 저항

예를 들어 AWG(America Wire Gauge) #13선의 50m 권선에 부하 저항이 8Ω의 경우 전력 손실은 다음과 같다.

R = (50/300) ×2.0 = 0.333[Ω]

$E = \dfrac{8}{8 + (2 \times 0.333)} \times 8 = 7.38[V]$

부하의 전력 $= \dfrac{(7.38)^2}{8} = 6.80[W]$

Loss = 10log(6.80/8) = −70.58[dB]

디지털 증폭 기술로 디지털 오디오 입력소스 신호를 아날로그로 변환하지 않고 디지털 신호 처리를 통하여 증폭한다. 로우패스 필터를 거쳐서 스피커로 출력하는 방식에서 많이 이용하는 설계 방식이다. 디지털 입력을 통하여 변환되는 과정에서 생기는 신호의 손실이 없으며 디지털 앰프는 현재의 아날로그 앰프보다 수준 높은 신호 처리를 하기 때문에 디지털 오디오 시스템 같은 하이파이에도 적용할 수 있는 정밀도가 높은 기술이라고 할 수 있다.

기존의 아날로그 방식의 디지털 D급 증폭 기술에 비해서 훨씬 좋은 음질을 얻을 수 있다. [그림 4−23]에서처럼 입력된 아날로그 및 디지털 신호를 각각의 채널로 맵핑을 한 후 이퀄라이저 믹스 과정을 거쳐 오버 샘플링은 직접 디지털 쪽으로 출력하고 기준 이하의 다운 샘플링 신호는 시리얼 데이터로 출력한다.

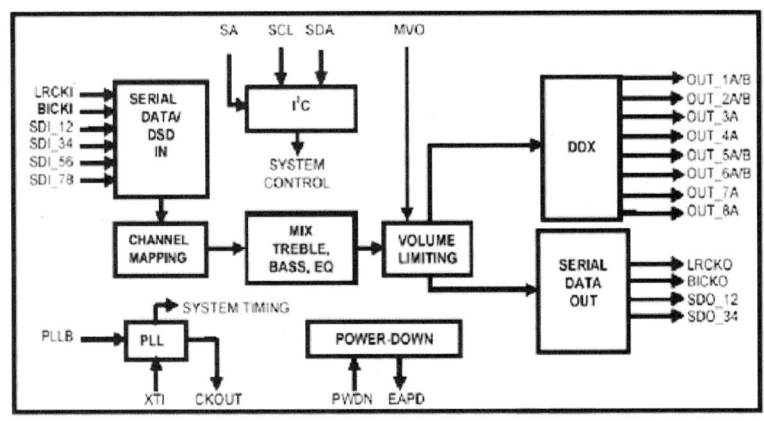

그림 4-23. PWM 신호 처리 블록도

시리얼 데이터 출력 과정에서 PWM 신호가 동일 샘플링 주파수에서 가질 수 있는 정확도, 즉 신호가 갖는 비트 수가 제한되므로 샘플링 주파수를 높인다. 디지털 신호 처리 기능을 이용하여 높은 비트의 신호를 낮은 비트의 신호로 바꿀 때 생기는 양자화 오차를 보정해 주는 노이즈 쉐이핑(noise shaping) 기술이 사용된다. 디지털 앰프에서의 핵심 기술이라는 오버 샘플링(over sampling)과 노이즈 쉐이핑이란 일반적인 CD의 예를 들어보면, 16bit, 44.1kHz의 샘플링 신호로 만들어진다. 이것을 PWM 신호로 그대로 바꾸게 되면 x 44100배가 되는 것이다. 3GHz이라는 내부 연산 클럭이 필요하게 되며 더블사이드 PWM의 경우 두 배인 6GHz나 되는 상당히 높은 고주파 클럭이 필요하게 된다. 예를 들어 현재 최신 CPU 클럭 속도가 3GHz 정도 인 데 비해 6GHz의 상당히 빠른 클럭을 디지털 시그널 프로세서로 구현하기엔 무리가 있다[33].

비트 수를 줄여 클럭 속도를 낮추는 방법도 있지만 음질이 저하 되는 단점으로 음질 손상 없이 클럭 속도를 낮추는 기술이 개발되었 다. 오버 샘플링과 노이즈 쉐이핑이 그것이다. 양질의 디지털 앰프 프로세서를 설계 구현하기 위해서 선행되어야 할 과정이다. 오버 샘 플링으로 샘플링 주파수를 키우고 노이즈 쉐이핑으로 가청주파수 대 역의 노이즈를 귀에 들리지 않는 고주파 대역으로 옮기는 방법이다. 일반적으로 오버 샘플링 비율을 높일수록 가청주파수 대역의 노이즈 를 더 많이 옮길 수 있어 음질 보상을 계속할 수 있으리라 생각하 지만, 현실적으로 기술의 한계를 갖는다.

디지털 앰프는 현재의 아날로그 앰프보다 수준 높은 신호 처리를 하기 때문에 디지털 오디오 하이파이에도 적용할 수 있는 정밀도가 높은 기술로 인정받고 있다. 이러한 과정을 거쳐서 DTV의 디지털 입력소스를 ADC를 거치지 않고 직접 DSP에서 돌비 음향 기술을 디코딩한 신호에 볼륨 및 기타 기능을 컨트롤하여 PWM 증폭으로 스피커로 출력한다.

디지털 신호 처리 과정으로 [그림 4-24]과 같이 PWM 신호를 만 들어내기 때문에 처리 과정 중 에러나 잡음의 발생 가능성이 없어지 고 신호의 저감 없이 다양한 디지털 신호 처리 과정을 추가할 수 있다. 디지털의 기본적인 장점을 갖게 되는 것은 물론, 소형으로 구 현할 수 있다는 강점을 갖게 되는 것이다. 신호대 잡음 비율은 평균

85[dB]로써 안정적이고 잡음의 정도가 적은 시스템으로 험 노이즈 부분에서도 3mV 이하로써 기준치 이하의 결과를 나타낸다.

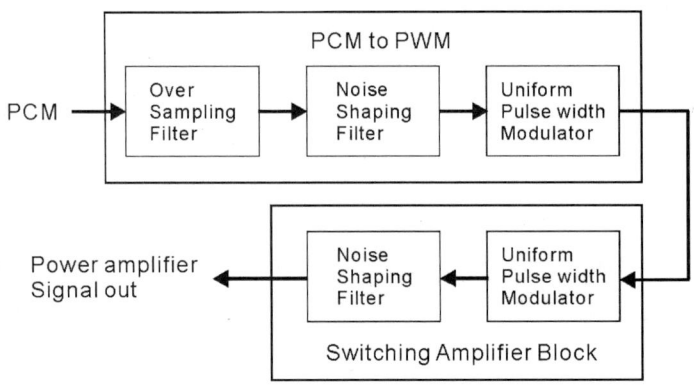

그림 4 - 24. 디지털 시스템 신호 처리

입력 신호를 V_s라고 하고 잡음을 V_n이라고 할 때 식(4.2) 공식으로 표현된다.

$$S/N = 20 \times \log 10 \left(\frac{V_s}{V_n}\right) \qquad\qquad (4.2)$$

$$V_s = V_n \text{이면 } S/N = 0$$

$$V_s = 10.0, \quad V_n = 1.0$$

$$S/N = 20 \times \log 10 \left(\frac{10}{1}\right) = 20.0 \, [dB]$$

입력 신호를 수신하여 처리하는 과정에서 혼합된 잡음을 일정한 비율로 표현하는 형식에서 ADC의 12bit를 지원하고 0~3V의 전압이면 3V/4096으로 0.73mV로 나눌 수 있다.

$$S/N = 20 \times \log 10 \left(\frac{3}{0.73} \right) = 72 [dB]$$

[그림 4-25]은 디지털 회로도 [그림 4-17]에서 ⓒ지역 부분의 R90 부분을 접지 하였을 때 S/N비가 60[dB]대역으로 일반 시스템과 차이가 별로 없었다.

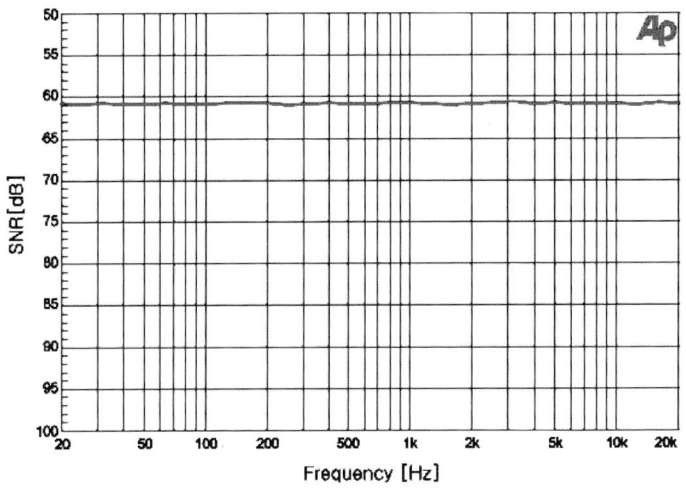

그림 4-25. 디지털 오디오 접지 시 신호대 잡음비

0Ω 저항을 그라운드에 연결하니 약 10[dB]이상 신호대 잡음비가 높아지는 것을 [그림 4-26]과 같이 확인할 수 있다. 신호대 잡음비는 RMS출력/1kHz 이하를 기준으로 0[dB]로 설정한다. 입력 신호를 제

거한 후 시스템이 고유한 잡음의 비를 측정하게 된다.

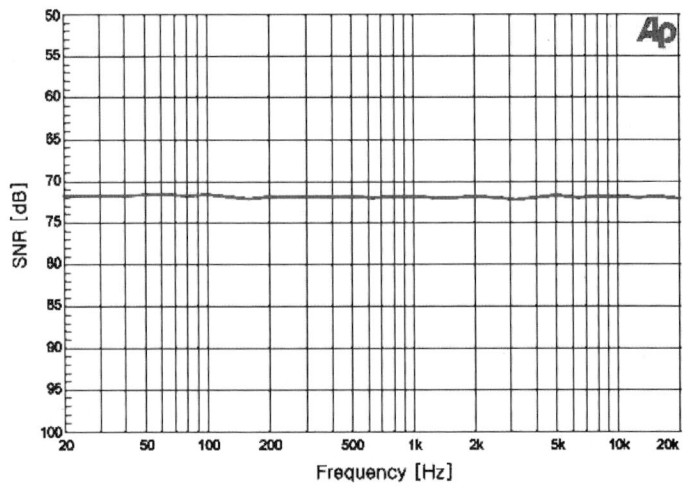

그림 4 - 26. R90 저항 0Ω 쇼트 시 신호대 잡음비

주파수 응답도에서 진폭비 $|G(jw)|$와 위상차 $\angle G(jw)$의 주파수 w는 신호 전달 특성으로 의미하며 복소수 진폭 주파수 전달 함수를 식(4.3)으로 나타낼 수 있다.

$$[G(s)]_{s \to jw} = G(jw) = |G(jw)| \angle G(jw) \qquad (4.3)$$

주파수 이득, 크기, 진폭 $|G(jw)|$

주파수 위상차, 위상각 $\angle G(jw)$

0~∞까지 변화시킬 때 $|G(jw)|$의 변화를 이득 특성이라고 하며

$\angle\,G(jw)$의 변화를 위상 특성이라고 하며 이것을 주파수 특성이라고 한다. 시스템에서 주파수 특성이 매우 중요하다. [그림 4-27]는 앰프 회로도 [그림 4-17] ⓑ지역 부분에서 $0.047\mu F$의 콘덴서와 22kΩ의 저항을 이용하여 설계하였을 경우 8kHz 대역 이후에서 주파수 응답도가 완만하게 하강을 하는 현상을 보이고 있다.

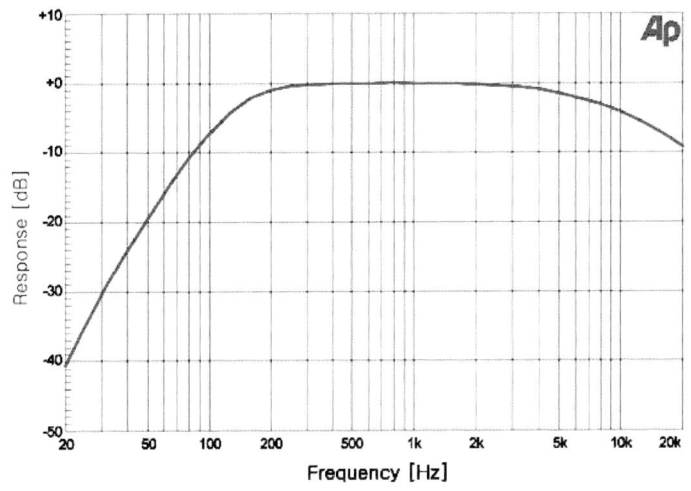

그림 4-27. 시정수 변경 전 주파수 응답도

프리 앰프의 저항과 콘덴서의 시정수를 변경하여 저음역은 그대로 두고 고음역의 주파수를 가청 주파수 대역까지 평탄하게 재생이 가능하도록 부품을 변경하였다. 콘덴서를 $0.047\mu F$에서 $470pF$로 변경하고 저항은 22kΩ에서 4.3kΩ으로 변경하였을 때 아래 [그림 4-28]와 같은 평탄한 주파수 응답도 결과를 얻을 수 있었다.

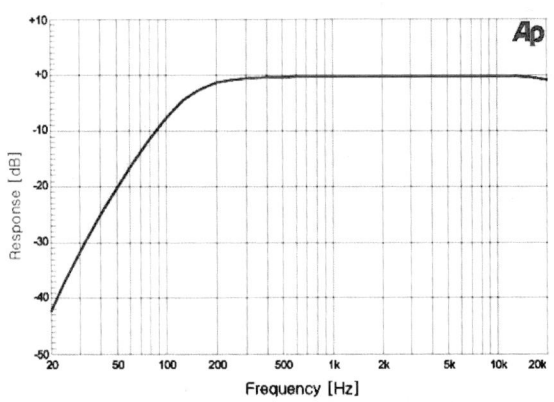

그림 4 - 28. 시정수 변경 후 주파수 응답도 결과

[그림 4 - 29]의 1kHz 기준에서 약 0.18%의 왜율을 0Ω의 저항을 이용하여 그라운드 처리하면서 [그림 4 - 30]에서처럼 왜율이 0.05% 로 향상되는 것을 확인할 수 있다. 측정 결과 그래프는 AP장비의 ATS - 2로 측정한 데이터이다.

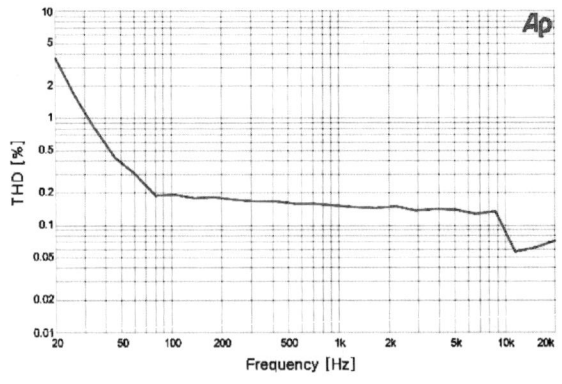

그림 4 - 29. 저항 22kΩ 로 설계 시 왜율 그래프

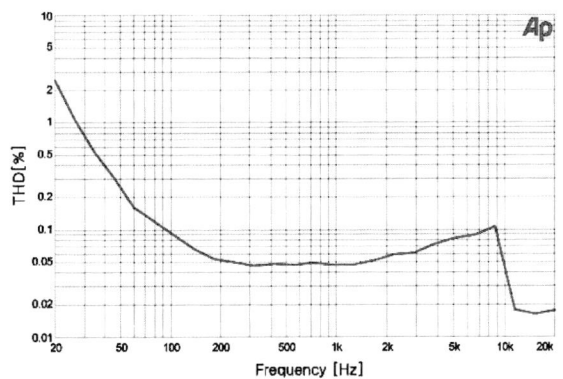

그림 4 - 30. 저항 4.3kΩ 으로 설계 시 왜율 그래프

4) 홈시어터 스피커 구현

전체 시스템에서 전기적, 음향적 구성 요소와 기구적 방식 등을 포함한 음향 시스템의 기본 구성을 설계한다. 음압 SPL(Sound Pressure Level)을 일반적인 평균 음압 80[dB]보다 약 5~10[dB]를 올려서 일상의 평균 음압과의 차이를 현격하게 둘 수 있도록 설계하여 소리의 높낮이가 정확히 구분되도록 한다.

주파수 특성을 고음 부분이 강하도록 설계하기 위하여 풀 레인지 진동판 콘지는 PULP BLK, ESMAR, 보이스 코일은 Φ0.16 PESVW 3.7R, 자기 회로는 Ba - Fe 32x18x6t, 방어 작용 에지(edge)는 코튼 #60, 단면 4%, 0.15t, 댐퍼는 1.0/50g 코튼 #80에 실드 캡 1.0t Zn - Y 를 사용하여 제작한다.

인간의 귀는 이도 내에서 180° 위상 반전 효과나 2.5kHz 부근에서의 공진 현상 그리고 1.3kHz~1.5kHz 부근에서 양쪽 귀의 방향성 판별이 곤란하다고 한다[35].

20~200Hz는 옆 방향, 300~4kHz는 앞 방향, 500~2kHz는 뒤 방향으로부터 소리를 분해해서 듣는 기능이 있다. 이러한 주파수 방향성의 판별력을 이용하여 음향신호 처리 회로 구성 시 프리앰프 단에서 나오는 출력 L과 R 신호를 L+R, L-R, R-L 등으로 조합하고 저음과 고음에서 L과 R을 시정수를 조절하여 시간차를 두고 강조할 수 있다. L과 R의 신호차를 조합함으로써 방위나 위치를 현장감 있게 하고 각 채널의 주파수 특성을 원음대로 출력하면 음의 강약에 따라 위상차를 만들기도 하면서 청취음의 방향성을 약간씩 조절할 수 있는 것이다.

스피커 시스템 캐비닛 속의 공기가 진동하여 소리로 외부로 나갈 때, 소리의 일부는 열에너지로 변환하면서 공명이 일어난다. 캐비닛의 각 부분 치수와 평형부 두 개의 면 사이에서 소리가 반복되면 어떤 주파수에서는 서로 반사하는 파의 피크값과 곡이 일치하여 그 주파수 소리가 강조되게 된다. 같은 소리가 나는 동안은 계속해서 위치가 변하지 않고 한군데 머물러 있는 것처럼 느끼는 것을 정재파(standing wave)라 한다[36].

반사성의 평행면을 가진 곳에서는 반드시 정재파가 생기게 되며 특히 저음역에서 정재파의 영향이 현저하게 나타나 음이 혼탁해지거나 특정 저음이 강조되어 들린다. 리스닝 룸 같은 곳이나 사방의 벽이 단순한 곳에서 저음이 풍부하게 들리는 것이다. 이러한 것을 이용하여 저음의 방향성을 후면으로 하거나 밀폐형으로 제작하고 캐비닛의 유니트 앞부분에 음의 방향을 고르게 지향할 수 있도록 파워

포트 등을 설치하여 음의 확산을 도와주면 전면으로 방사되는 에너지가 증폭되어 소리를 넓게 멀리 보내게 된다.

앰프에서 제대로 된 음원이 증폭되어 스피커로 입력되었다고 스피커에서 완벽하게 재생하는 것은 매우 어려운 일이다. 가장 기본적인 것은 임피던스 매칭이다. 이때 수도의 수압과 수도관을 생각해보면 된다. 가는 관에서 굵은 관으로 물을 흘려보내면 굵은 관의 수압이 분산되어 수압이 저하되고 물이 고이는 데 시간이 걸린다. 굵은 관에서 가는 관으로 물을 흘려보내면 수압은 상승하고 물이 고이는데 시간이 걸리지 않는다. 또 직경이 같은 관을 이어서 보내면 수압이 그대로 전달되므로 손실이 없다.

앰프의 출력 임피던스를 4Ω으로 설정하면 스피커 유니트를 3.6~3.8Ω 정도로 약간 낮춰서 설계한다. 또 스피커에서 출력되는 소리가 고르게 퍼져 나가는 것을 검토한다. [그림 4-31]와 같이 헬름홀쯔(helmhoitz resonator) 공명기를 중심으로 공명 현상을 예를 들면 스피커 인클로저와 홀이 있다[37].

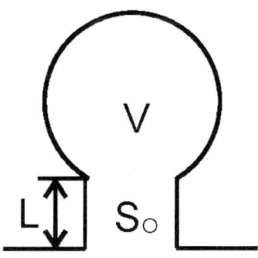

그림 4-31. 헬름홀쯔 공명기의 공진 모드

공명 현상을 이용하여 저주파 음을 상승하기도 한다. 공진 주파수는 식(4.4)와 같이 계산된다.

$$F_{RES} = \frac{c}{2\pi} \sqrt{\frac{S_o}{VL'}} \qquad (4.4)$$

$L' : L + 1.75a$ a 는 목의 반지름.

일반적으로 원하는 주파수 범위 내에서 흡음을 요구하는 곳에 설치되며 [그림 4-31]과 같이 부피를 갖고 길이가 L, 단면적이 So인 입구가 있다. 만일 공동의 지름이 10㎝, 목의 길이가 5㎝, 목의 반지름이 2㎝, 음파의 속도 c=344m/s라고 가정하면 공진 주파수는 다음과 같이 계산될 수 있다.

$$F_{RES} = \frac{c}{2\pi} \sqrt{\frac{S_o}{VL'}}$$

$$= \frac{344}{2\pi} \sqrt{\frac{1.26 \times 10^{-3}}{(5.24 \times 10^{-4}) \times (8.5 \times 10^{-2})}} = 291 Hz$$

$$V = \frac{4}{3}\pi r^3 = \frac{4}{3}\pi \left(\frac{10}{2} \times 10^{-2}\right)^3 = 5.24 \times 10^{-4} m^3$$

$$So = \pi a^2 = \pi \times (2 \times 10^{-2})^2 = 1.26 \times 10^{-3} m^2$$

$$L = 5 \times 10^{-2} m$$

$$L' = L + 1.75a = 5 \times 10^{-2} + 1.75 \times 2 \times 10^{-2} = 8.5 \times 10^{-2} m$$

$$c = 344 m/s$$

파장은 주파수에 반비례하므로 진동면의 크기가 같다면 주파수가 높은 소리일수록 지향성이 커진다. 스피커가 기울어진 방향에서 소리를 들으면 고음이 작고 저음이 강조되는 현상과 같다. 공기 중의 소리 전파 속도는 약 340m/s이므로 주파수 1kHz인 파장은 34cm이며, 사람들이 들을 수 있는 최고 주파수는 20kHz로 17mm이다[38]. 이러한 일반적인 스피커 시스템의 기본 동작 원리 등을 염두에 두어 각각의 기능이 충실한 스피커 시스템을 설계하게 된다. 자속 밀도와 누설 자속 등을 그래프로 확인한다. [그림 4-32]는 서브우퍼의 음압과 임피던스 그래프이다.

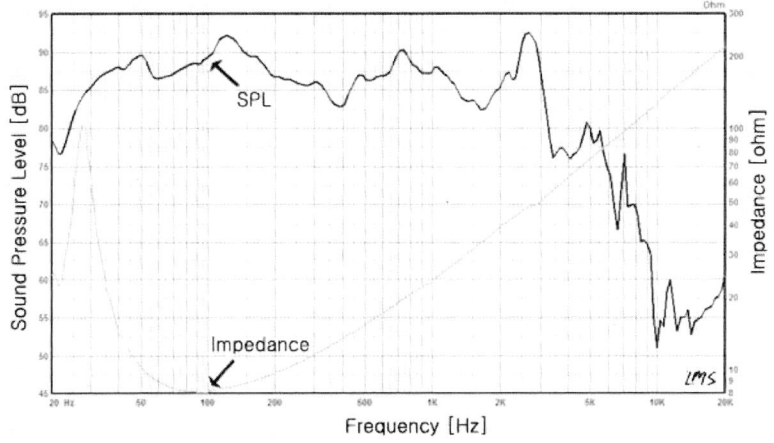

그림 4-32. 서브우퍼의 음압 및 임피던스 그래프

서브우퍼 유니트는 12.2인치/ 8Ω으로서 SPL은 약 89[dB]로 설계하였다. 측정 조건은 LMS V4.5를 사용하여 입력 조건 1W 2.83V

기준하여 0.5m거리에서 측정하였다. 서브우퍼와 센터 채널의 주파수 응답도를 AP(Audio Precision)오디오 측정 전문장비를 이용하여 측정한 결과다. 서브우퍼는 약 250Hz대역에서 12[dB] 이상 하강하여 300Hz 이하의 대역이 거의 출력되지 않는 시스템으로 정상 동작을 나타낸다. 음성 대역을 담당하는 센터 채널에서는 100Hz 부근에서부터 음성 대역을 포함한 가청 주파수 전체 대역에서 평탄한 그래프를 [그림 4-33]로 나타내고 있다.

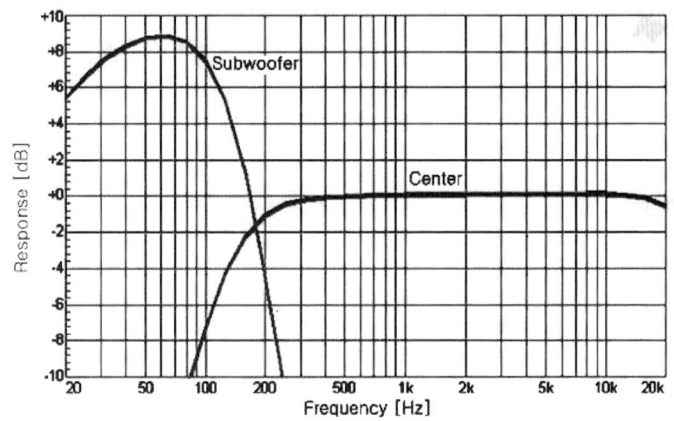

그림 4-33. 서브우퍼와 센터 채널의 주파수 응답도

설계 시 저음 대역을 100Hz를 기준으로 하여 -12[dB] 또는 -18[dB] 지점의 주파수를 설정하여 300Hz 이하에서 재생되도록 한다. 300Hz 이상의 사운드가 재생될 경우 중간 주파수 대역의 풀 레인지 스피커와 혼합이 되어 사운드가 깨끗하지 못하고 하울링(howling)같이 음이 발진을 일으켜 오래 감상하기 곤란해진다[39].

홈시어터 시스템에서는 LFE(Low Frequency Effect)로 정한 서브우퍼를 0.1의 채널로 지정하였다. 전면 스피커, 후면 스피커, 센터 스피커, 후면 서라운드 스피커 등으로 채널을 구분하고 저음을 담당하는 서브우퍼는 좌·우 채널을 모노화한다. 중립적으로 음성 대역과 전체 사운드를 출력하는 센터 스피커와 같이 중요한 위치를 차지한다. 저음의 서브우퍼 스피커가 전체의 음향을 뒷받침한다고 표현할 수 있다. 시스템 설계 시에 서브우퍼의 주파수가 300Hz 이상은 제거되도록 시정수를 결정하고 구현한다. [그림 4-34]은 전면, 후면에 사용하는 풀 레인지 스피커의 특성 그래프이다.

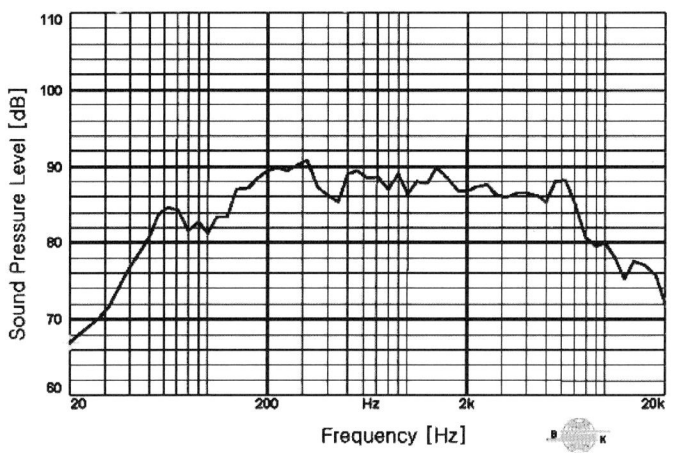

그림 4-34. 풀 레인지 음압 특성 그래프

전면, 후면, 센터 스피커를 설계할 때 음압을 400Hz 기준하여 88[dB] +/- 2[dB]로 한다. 서브우퍼 스피커보다 1~2[dB] 정도 낮추는 것은 풀 레인지 스피커가 전 대역이 재생되므로, 전체 음향의 균형을 맞추기 위한 것이다. 최저 공진 주파수는 65Hz +/-13[dB]이며 B&K(Bruel & Kejaer) 측정기 BK-2012로 그래프를 작성하였다. 측정은 0.5m 거리에서 입력 전압 1V이다. 전면, 후면, 센터 스피커에서 부족한 고음을 보완하기 위하여 2인치 트위터 스피커를 사용하였다. [그림 4-35]에서 트위터의 음압 및 특성 그래프를 나타낸다.

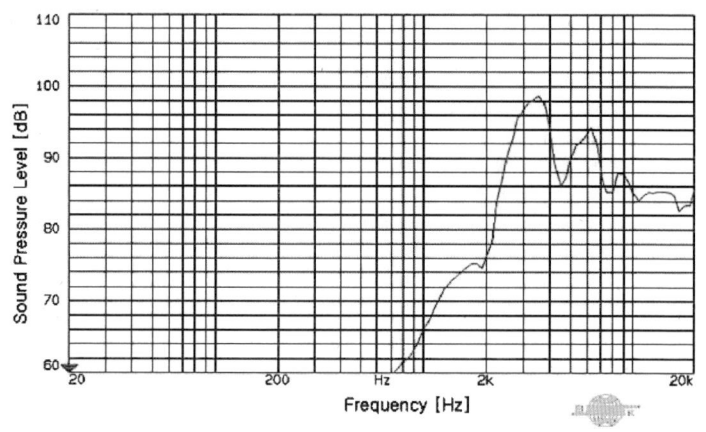

그림 4-35. 트위터 음압 특성그래프

고음은 설계하기 아주 어려운 부분이다. 풍부한 저음도 중요하지만 악기 소리처럼 섬세한 사운드가 재생될 때 감동을 전달받을 수 있게 된다[40]. 임피던스는 8Ω으로 2.83V 입력에서 측정하였고, SPL은 5kHz~10kHz에서 91.5[dB]로 설계되었다. [그림 4-36]에서는 서라운드 채널의 재생 그래프를 나타낸다.

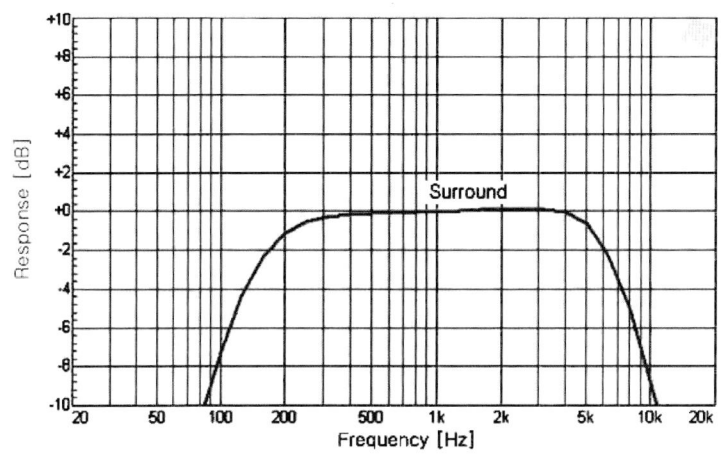

그림 4 - 36. 서라운드 채널의 주파수 응답도

서라운드 채널은 전면 스피커에 비하여 약 5ms 정도의 지연 시간을 갖고 재생하는 것이 중요하지만 이 연구에서는 D56367 칩에서 서라운드 채널의 신호를 15ms까지 지연할 수 있도록 설계하여 음의 확장감을 충분히 감상할 수 있도록 하였다. 주파수 응답도에서 보듯이 서라운드 채널이 재생하는 주파수는 공진 주파수기준에서 약 −3[dB] 지점을 정하여 약 150Hz에서 7kHz 정도의 재생 능력을 나타낸다. [그림 4 - 37]는 좌·우 채널의 그래프로 중저음에서 고주파 대역까지 평탄하게 재생되는 것을 볼 수 있다.

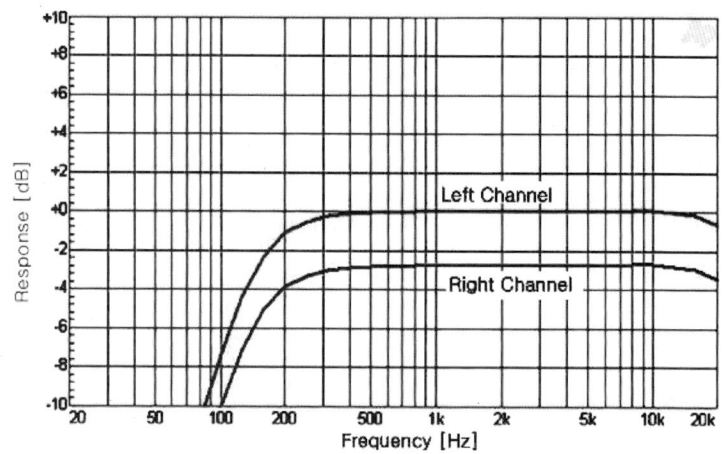

그림 4-37. 좌·우 채널의 주파수 응답도

　서브우퍼와 센터 스피커, 서라운드 스피커, 전면, 후면의 좌·우 스피커의 출력되는 재생 특성은 측정을 통하여 그림으로 나타냈다. [그림 4-38]은 전체 스피커 시스템을 구동하며 측정한 그래프로 전반적으로 평탄한 결과를 나타낸다. 입력되는 음원이 영화이든 음악이든 시스템에서는 평탄한 특성을 보유해야 한다. 사용자의 음원에 따라서 사운드가 다르게 입력되어도 시스템 자체에서 변형되어서는 안 된다. 레벨을 조절하거나 음량이나 음색을 조절하는 기능은 성능과 다르다. 스피커 시스템은 재생 능력이 우수해야 하며 입력되는 원음을 충실하게 재생 출력해야 한다.

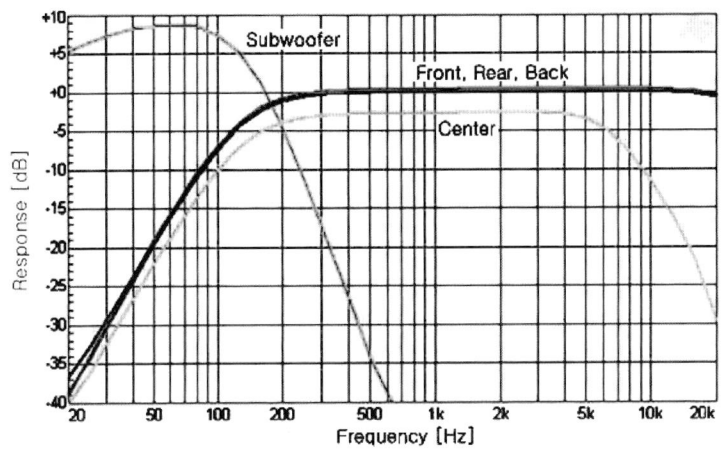

그림 4-38. 돌비디지털 시스템의 주파수 응답도

측정되는 음원 소스는 1kHz/250mV의 게인 값을 기준하여 측정한 결과이다. 그래프로 보면 50Hz 이하에서의 주파수는 청취하기 쉽지 않은 대역으로 큰 효과를 갖지 못한다[41]. 주파수 응답 이득과 위상으로 나누어 이득 곡선과 위상 곡선을 구성하게 되면 Y축의 주파수와 X축의 이득[dB]과 위상각(θ°)을 식(4.5)와 같이 정리할 수 있다.

$$G[dB] = 20\log|G(jw)| \qquad (4.5)$$

비례 요소 $G(s) = K$, $G(jw) = K$

미분 요소 $G(s) = s$, $G(jw) = jw$

적분 요소 $G(s) = \dfrac{1}{s}$, $G(jw) = \dfrac{1}{jw} = -j\dfrac{1}{w}$

비례 적분 요소 $G(s) = 1 + Ts$, $G(jw) = 1 + jw\,T$

와 같이 주파수 응답의 주파수가 0에서 ∞까지 변화시켰을 때 진폭 비 $G(jw)$의 크기와 위상각의 차이를 그래프 X, Y좌표에 그린 것을 벡터 로커스(locus)라 한다.

$$G(s) = \frac{10}{(s+1)(10s+1)}$$

의 이득 곡선을 구하면 20[dB]의 경사를 가진 90° 위상각과 40[dB]의 경사를 가진 180° 위상각을 나타낼 수 있다.

$$
\begin{aligned}
G(s) &= 20\log|G(jw)| \\
&= 20\log\left|\frac{10}{(jw+1)(j10w+1)}\right| \\
&= 20\log\frac{10}{\sqrt{w^2+1}\sqrt{(10w)^2+1}} \\
&= 20\log 10 - 20\log\sqrt{w^2+1} - 20\log\sqrt{(10w)^2+1}
\end{aligned}
$$

$w < 0.1$ 일 경우

$$G = 20 - 20\log 1 - 20\log 1 = 20\,[dB]$$

$w > 1$ 일 경우

$$
\begin{aligned}
G &= 20 - 20\log w - 20\log 10w \\
&= 20 - 20\log 10 - 20\log w = -40\,[dB]
\end{aligned}
$$

그래프에서 시스템의 전체 음향 재생 능력은 매우 안정적인 결과를 알 수 있다. [그림 4-39]은 저음 대역의 노이즈를 입력하여 측정한 그래프이다.

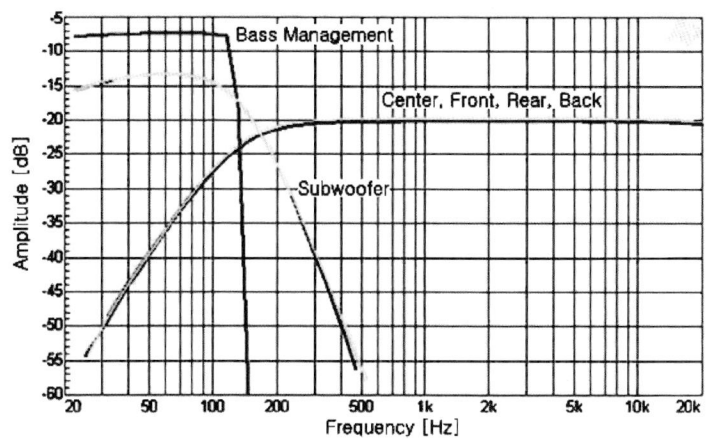

그림 4-39. Bass Management+N 그래프

돌비 디지털 테스트 항목 중 입력 주파수 997Hz@-20[dBFS]에서의 잡음 시퀀스는 -30[dB]를 정한다[42]. 각 채널에 대한 노이즈신호 디코딩 특성을 평가하기 위한 측정값으로 [그림 4-40]그래프에서 -30[dB]의 측정 결과를 확인할 수 있다.

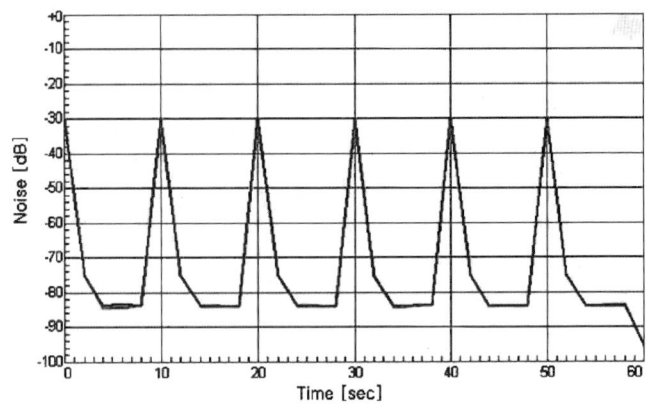

그림 4-40. Noise sequencer 그래프

서라운드 채널에 대한 노이즈 특성을 측정하여 노이즈 및 톤 테스트에 대한 특성을 평가한다[42]. [그림 4-41]는 제품의 신뢰성을 인정하는 S/N비의 그래프이다.

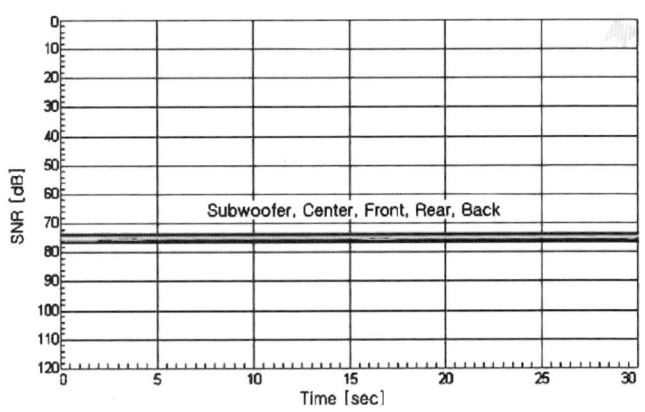

그림 4-41. Signal to noise ratio 측정 그래프

4. 성능 분석 및 비교 실험

1) 실험 환경 및 시스템 측정

본 연구에서 기초적으로 설계 사용된 돌비 디지털 스피커 시스템은 1차로 한국의 공인 시험 기관에서 검사를 하고 미국의 돌비 음향 연구소 인증팀에서 최종 검증을 거쳐 돌비 디지털 홈시어터 스피커 시스템으로써 승인을 받은 것이다. 세계적으로 표준화된 돌비 디지털 입체 음향은 현재 DTV 방송에서도 음향의 표준 규격으로 정하고 사용 중에 있다. 돌비 음향 연구소에서 지정한 시험 방법에 따라 테스트하여, 규정에 합격하면 [그림 4-42]와 같이 라이선스 인증을 받게 되고 설계, 제조, 판매 등을 국제적으로 공인받게 된다.

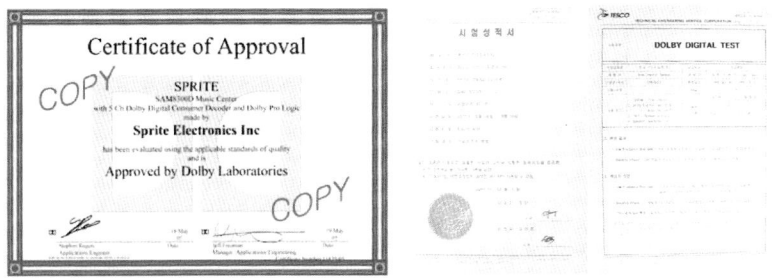

그림 4-42. 돌비디지털 인증서 및 공인기관 시험 성적서

2) 실험 결과 데이터

테스트 리포트 검사 성적서 [표 4-2]와 [표 4-3]의 결과를 보면 실효 출력(rms) 기준으로 볼 때 7.1채널의 경우 각 채널별로 65[W] 이상의 출력을 나타내고 있다. 70Hz~20kHz의 가청 주파수 대역 전체에서의 부하 저항 4Ω 기준의 왜율은 0.02~0.22%로 고주파 대역에서 왜율(distortion)이 증가하는 차이를 볼 수 있다. THD 10%+노이즈 기준에서의 출력은 평균 82[W]로 고출력 시스템을 나타낸다.

디지털 시스템 테스트 리포트 [표 4-2]와 아날로그 시스템의 테스트 리포트 [표 4-3]를 비교하여 굵은 선으로 표시하였다. 출력이 다른 앰프이기는 하지만 주파수 특성과 신호 대 잡음비 등의 비교에서 디지털 시스템이 우수한 결과를 보여주고 있다. 채널의 분리도가 아날로그일 때 44.2[dB]이지만 디지털의 경우에는 55.5[dB]로 10[dB] 이상 향상되고 험 노이즈도 4.28mV에서 2.01mV로 현격한 차이를 나타내고 있다.

표 4 - 2. 디지털 7.1채널 측정 검사 성적서

TEST REPORT

MODEL NO:SAM-2007DW 8CH DOLBY SYSTEM

DATE	2007 . 07 . 24		BUYER			BRAND		SPRITE			
CONDITION	AC120V 60Hz . DC 24V 20A LOAD 4 ohm									SET NO	
MEASURING ITEM			LIMIT	FRONT		REAR SURROUND		REAR BACK		CENTER	WOOFER
				LEFT	RIGHT	LEFT	RIGHT	LEFT	RIGHT		
RATED OUTPUT POWER 1KHz 500 mV 4 ohm BEFORE CLIPPINGS			50 W	66.4	67.5	.	.	.	.	.	.
RATED OUTPUT POWER 1KHz 495 mV 4 ohm BEFORE CLIPPINGS			50 W	.	.	67.9	68.10	.	.	.	.
RATED OUTPUT POWER 1KHz 505 mV 4 ohm BEFORE CLIPPINGS			50 W	.	.	.	.	66.3	66.9	.	.
RATED OUTPUT POWER 1KHz 510 mV 4 ohm BEFORE CLIPPINGS			50 W	.	.	.	.	.	.	67.5	.
RATED OUTPUT POWER 1KHz 515 mV 4 ohm BEFORE CLIPPINGS			50 W	.	.	.	.	.	.	.	67.7
THD+N OF RATED OUTPUT POWER RATED OUTPUT POWER / 4 ohm 70 Hz - 20 KHz	70 Hz		1.0 %	0.03	0.02	0.04	0.05	0.04	0.06	0.04	.
	500 Hz			0.03	0.04	0.05	0.04	0.04	0.05	0.05	.
	1 KHz			0.02	0.04	0.03	0.05	0.04	0.05	0.04	.
	5 KHz			0.09	0.08	0.1	0.09	0.13	0.12	0.09	.
	10 KHz			0.18	0.19	0.20	0.21	0.18	0.19	0.22	.
	15 KHz			0.23	0.21	0.23	0.25	0.20	0.29	0.26	.
	20 KHz			0.22	0.25	0.23	0.27	0.24	0.28	0.25	.
THD+N 10% OUTPUT POWER (1 KHz, 740			80 W	82.5	82.1	.	.	.	.	.	.
THD+N 10% OUTPUT POWER (1 KHz, 745			80 W	.	.	83.9	82.9	.	.	.	.
THD+N 10% OUTPUT POWER (1 KHz, 746			80 W	.	.	.	.	82.5	82.7	.	.
THD+N 10% OUTPUT POWER (1 KHz, 735			80 W	.	.	.	.	.	.	82.4	.
THD+N 10% OUTPUT POWER (100Hz, 735			80 W	.	.	.	.	.	.	.	82.7
FREQUENCY RESPONSE (± 3 dB)			20Hz-20KHz	20/20K	20/20K	20/20K	20/20K	20/20K	20/20K	20/20K	20/300
CHANNEL BALANCE (1 KHz , 0.5 W)			0 ±1 dB	0	+ 0.1	0	+ 0.1	+ 0.1	0	.	.
SIGNAL TO NOISE RATION (PSO A)			70	87.1	88.5	88.5	89.1	87.1	87.3	87.4	84.2
CHANNEL SEPARATION (1 KHz , 0.5 W)			60 dB	55.5	54.0	57.6	56.5	55.3	56.3	.	.
HUM NOISE	MIN		3 mV	.	.	.	.	.	.	.	.
	MAX		15 mV	2.01	2.54	2.57	2.23	2.41	2.24	2.44	2.37
TONE CONTROL EFFECT (1 KHz / 0.5 W = 0 dB)	TREBLE 10 KHz		10 ±3dB	.	.	.	.	.	.	.	.
TESTED BY : T.H,KIM			CHECKED BY : M.S,KO		APPROVED BY :O.K, KWON						

표 4-3. 아날로그 7.1채널 측정 검사 성적서

TEST REPORT

MODEL NO:SAM-2003 8CH ANALOG SYSTEM

DATE	2007 . 07 . 24		BUYER			BRAND		SPRITE		
CONDITION	AC120V 60Hz , DC ±14.4V 4.5A LOAD 4 ohm								SET NO	

MEASURING ITEM		LIMIT	FRONT		REAR SURROUND		REAR BACK		CENTER	WOOFER
			LEFT	RIGHT	LEFT	RIGHT	LEFT	RIGHT		
RATED OUTPUT POWER 1KHz 515 mV 4 ohm BEFORE CLIPPINGS		7 W	8.23	8.53	.	.	.	.	.	.
RATED OUTPUT POWER 1KHz 505 mV 4 ohm BEFORE CLIPPINGS		7 W	.	.	8.57	8.76	.	.	.	.
RATED OUTPUT POWER 1KHz 515 mV 4 ohm BEFORE CLIPPINGS		7 W	.	.	.	.	8.58	8.74	.	.
RATED OUTPUT POWER 1KHz 500 mV 4 ohm BEFORE CLIPPINGS		7 W	.	.	.	.	.	.	9.20	.
RATED OUTPUT POWER 1KHz 515 mV 4 ohm BEFORE CLIPPINGS		22 W	.	.	.	.	.	.	.	24.58
THD+N OF RATED OUTPUT POWER RATED OUTPUT POWER / 4 ohm 70 Hz - 20 KHz	70 Hz	1.0 %	0.32	0.35	0.47	0.43	0.35	0.39	0.37	.
	500 Hz		0.29	0.31	0.39	0.39	0.30	0.32	0.33	.
	1 KHz		0.24	0.28	0.35	0.31	0.24	0.26	0.29	.
	5 KHz		0.27	0.30	0.41	0.39	0.32	0.30	0.33	.
	10 KHz		0.33	0.34	0.45	0.43	0.37	0.38	0.36	.
	15 KHz		0.41	0.43	0.57	0.60	0.43	0.45	0.42	.
	20 KHz		0.49	0.51	0.70	0.68	0.57	0.56	0.51	.
THD+N 10% OUTPUT POWER (1 KHz, 785		12 W	13.52	13.57	.	.	.	.	.	.
THD+N 10% OUTPUT POWER (1 KHz, 790		12 W	.	.	13.78	13.75	.	.	.	.
THD+N 10% OUTPUT POWER (1 KHz, 805		12 W	.	.	.	.	13.67	13.82	.	.
THD+N 10% OUTPUT POWER (1 KHz, 790		12 W	.	.	.	.	.	.	14.34	.
THD+N 10% OUTPUT POWER (100Hz, 810		40 W	.	.	.	.	.	.	.	42.21
FREQUENCY RESPONSE (± 3 dB)		20Hz-20KHz	80/20K	78/20K	81/20K	80/20K	77/20K	82/20K	72/20K	20/300
CHANNEL BALANCE (1 KHz , 0.5 W)		0 ±1 dB	0	+0.3	+0.1	0	+0.2	0	.	.
SIGNAL TO NOISE RATION (PSO A)		70	77.8	78.1	75.2	76.2	77.5	78.3	78.0	73.2
CHANNEL SEPARATION (1 KHz , 0.5 W		60 dB	44.2	44.0	45.2	47.8	44.0	46.3	.	.
HUM	MIN	3 mV	.	.	.	.	.	.	.	.
NOISE	MAX	15 mV	4.28	4.52	5.15	5.39	4.38	4.46	5.19	6.20
TONE CONTROL EFFECT (1 KHz / 0.5 W = 0 dB)	TREBLE 10 KHz	10 ±3dB	.	.	.	.	.	.	.	.
TESTED BY : T.H.KIM		CHECKED BY : M.S.KO			APPROVED BY :O.K. KWON					

3) 실험 측정 환경 및 장비

디지털 시스템이든 아날로그 시스템이든 설계에서 가장 중요한 요소는 측정 기기이다. 측정 장비가 우수해야 원하는 사양대로 제품을 설계, 개발할 수 있다. 홈시어터 스피커 시스템을 일체화하는 과정에서 스피커 및 앰프의 동작이 매우 중요하다. 실험에 사용한 자료는 부록에 첨부하였다. 다양한 회로 측정 장비와 [그림 4-43]처럼 스피커 테스트 장비를 이용하여 측정 실험을 하였다.

그림 4-43. 실험 장비 및 실험 환경

본 연구에서 구현한 디지털 디코더, 디지털 메인 앰프 보드, 후면 스피커 컨트롤 보드 등으로 일체화된 시스템으로 설계 구현한 샘플을 [그림 4-44]에 나타낸다.

그림 4 - 44. 7.1채널 홈시어터 시스템 구현

4) 비교 실험 데이터 분석

　기존의 아날로그 시스템 또는 아날로그 입력을 처리하고 출력 단에서 아날로그 및 D급 앰프를 사용하였을 경우와 구현한 디지털 시스템을 동일한 조건으로 측정 실험한 데이터 값을 그래프로 비교해 보면 [그림 4 - 45]와 같다.

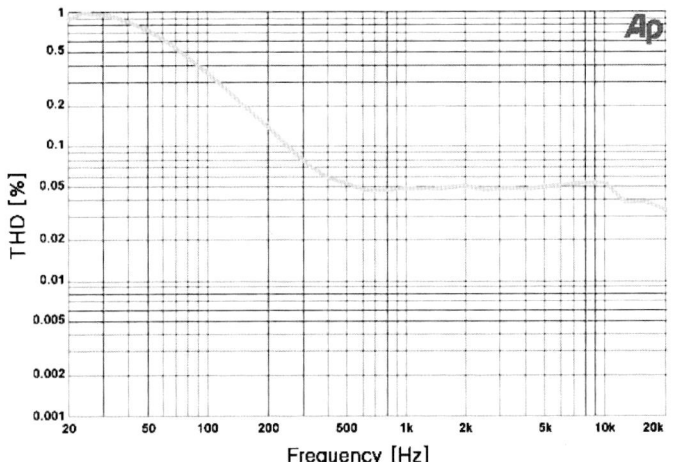

가) 아날로그 증폭 왜율

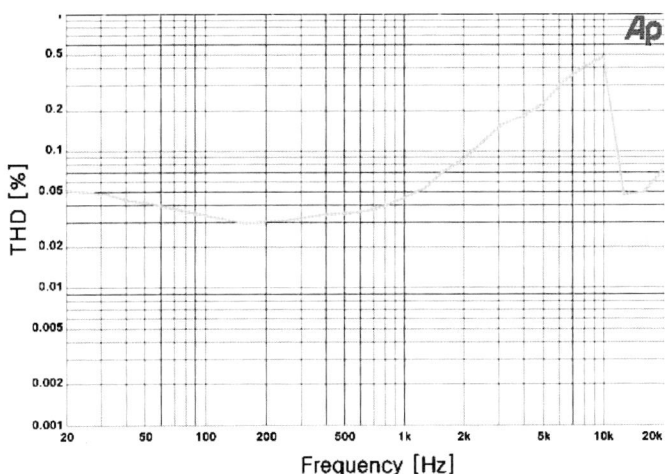

나) D급 증폭 왜율

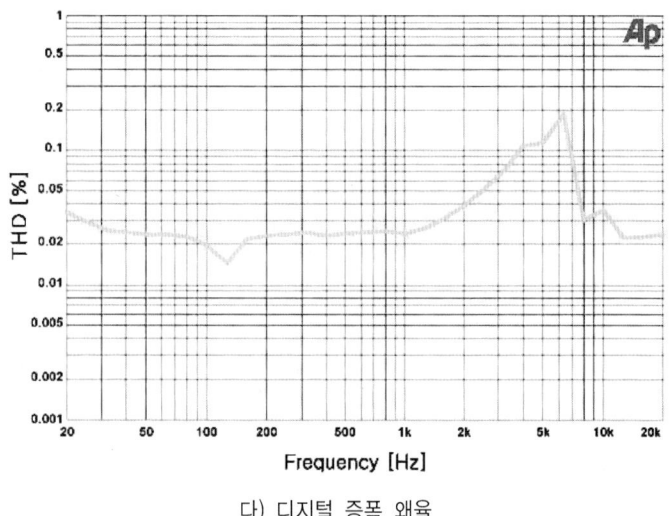

다) 디지털 증폭 왜율

그림 4-45. 아날로그 및 디지털 시스템의 왜율 비교 그래프

THD 왜율의 비교 그래프로서 왜율은 0.5%/1kHz 이하로 앰프의 성능이 우수한 동작을 하고 있다. 디지털 시스템에서 0.02%/1kHz를 나타내므로 기존의 시스템보다 왜율이 일부 좋아졌다고 할 수 있다. 왜율이 낮아지면 잡음이 감소하고 음의 균열이 발생되지 않아 원음에 충실한 사운드를 감상할 수 있다.

신호 대 잡음비의 경우 [그림 4-46]에서와 같이 기존 시스템은 약 78[dB]였으나, 구현한 시스템에서는 약 95[dB] 이상으로 성능이 많이 개선됨을 알 수 있다.

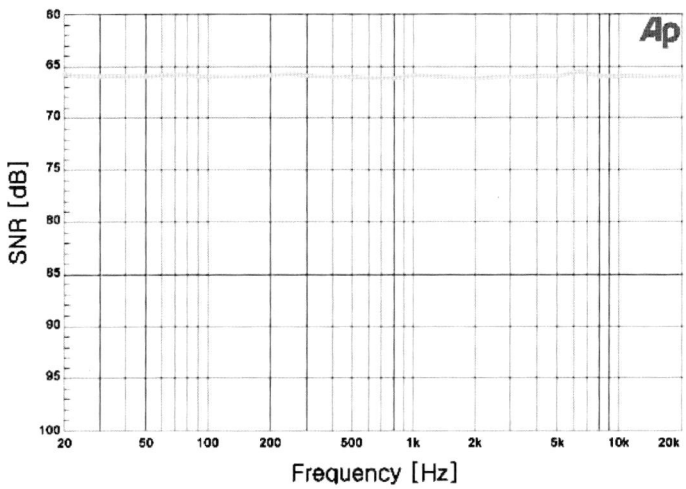

가) 아날로그 시스템 SNR 그래프

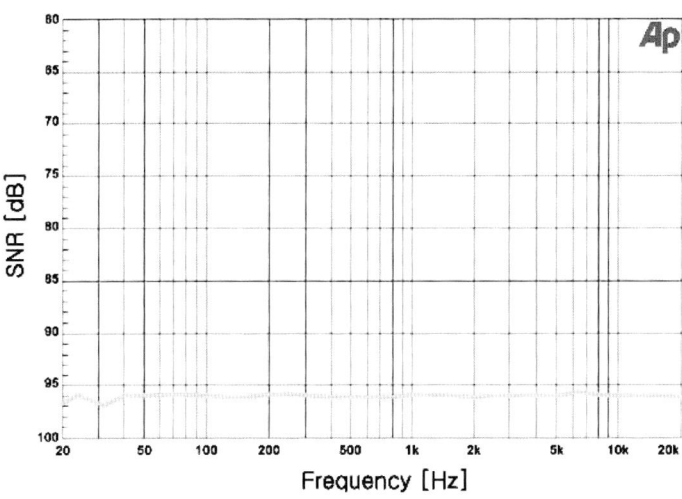

나) 아날로그 입력 D급 SNR 그래프

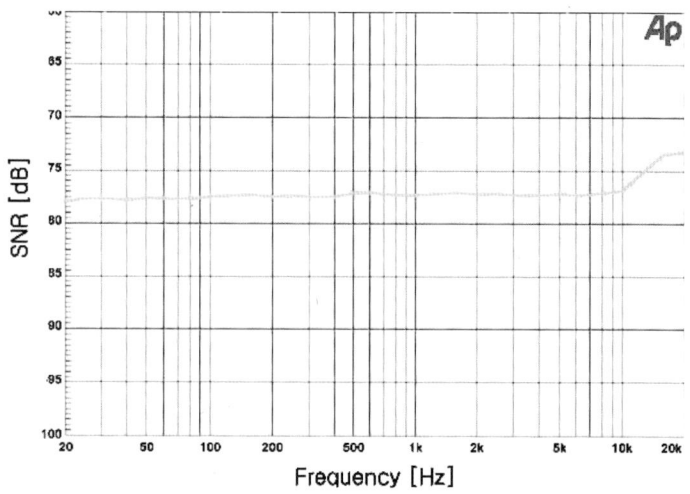

다) 디지털 시스템 SNR 그래프

그림 4 - 46. SNR 비교 그래프

돌비연구소에서 사양을 지정한 SNR은 65[dB] 이상이어야 한다. 따라서 기존의 제품이나 새롭게 구현한 제품이나 지정한 규격에는 모두 합격 조건이지만, 디지털 시스템에서 10[dB] 이상 좋은 결과를 보여주고 있다.

오디오 시스템에서 외부의 영향에 따른 잡음이든 내부에서 발생하는 잡음이든 노이즈를 제거해야 한다. 입력 신호를 가하지 않는 상태에서 시스템 자체의 잡음을 나타내는 험 노이즈를 비교한 데이터는 [그림 4-47]와 같다.

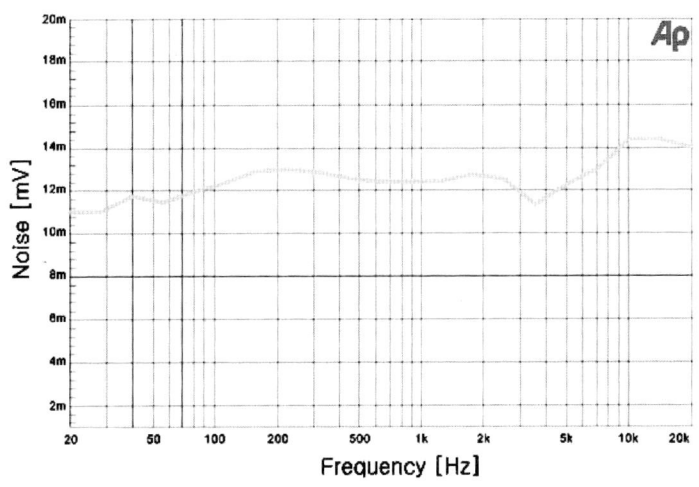

가) 아날로그 시스템 Hum&Noise 그래프

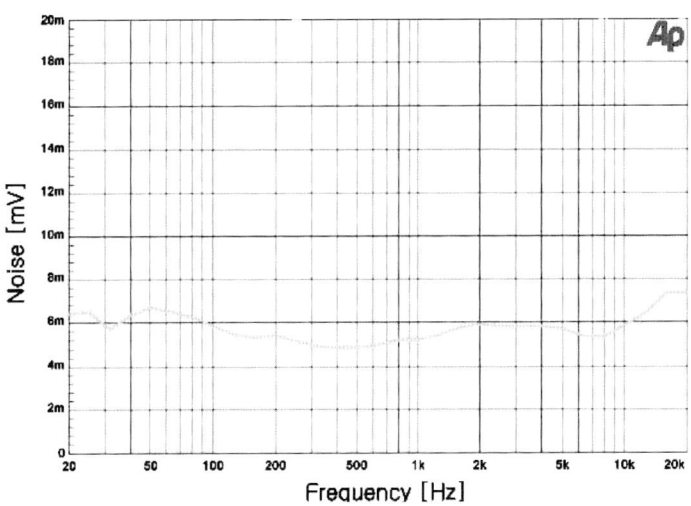

나) D급 증폭 시스템 Hum&Noise 그래프

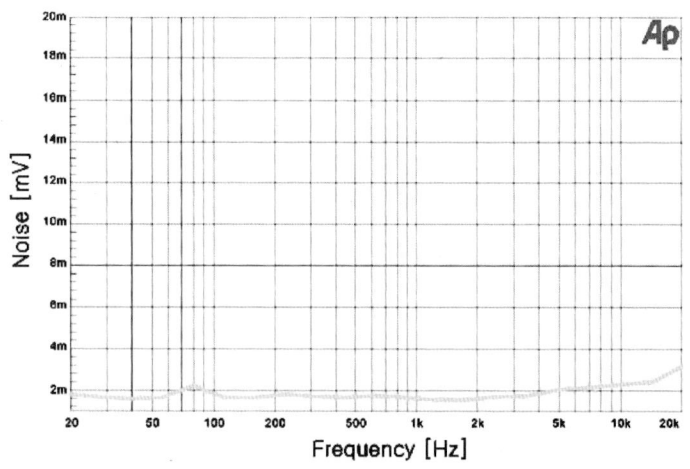

다) 디지털 시스템 Hum&Noise 그래프

그림 4 - 47. 험 노이즈 비교 그래프

험 노이즈가 6mV 정도로 15mV의 규정 내에는 합격이지만 구현
한 시스템에서는 2mV로 성능이 2배 이상 향상된 것을 보여준다. 노
이즈가 적은 경우는 상대적으로 SNR과 왜율에서도 좋은 결과를 얻
을 수 있다. 가청 주파수 20Hz~20kHz의 정격 출력에서 주파수 응답
도를 [그림 4 - 48]로 비교한 결과, 구현한 디지털 시스템이 가청 주
파수 전 대역에서 균일하게 나타낸다. 디지털 음향을 효과적으로 재
생하는 주파수 응답도로서 우수한 결과라 할 수 있다.

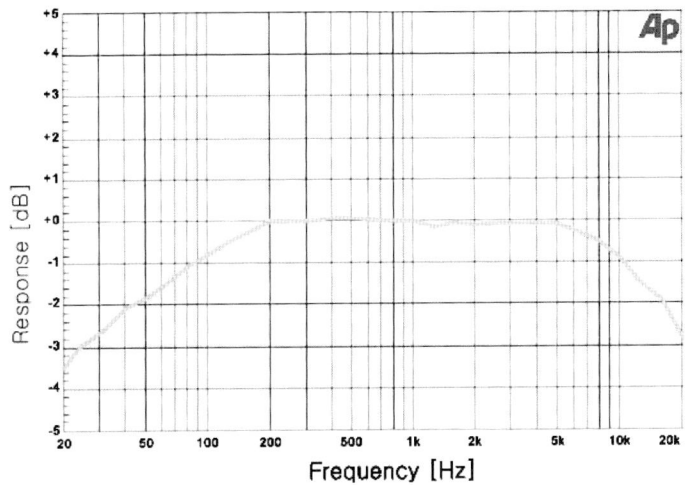

가) 아날로그 시스템 주파수 응답도

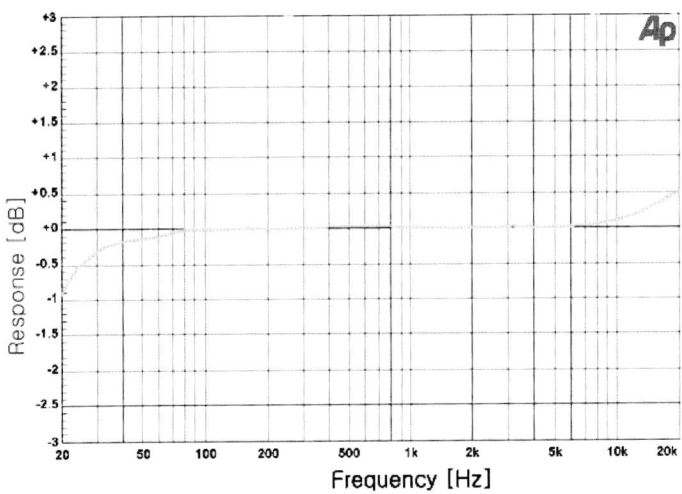

나) D급 증폭 시스템 주파수 응답도

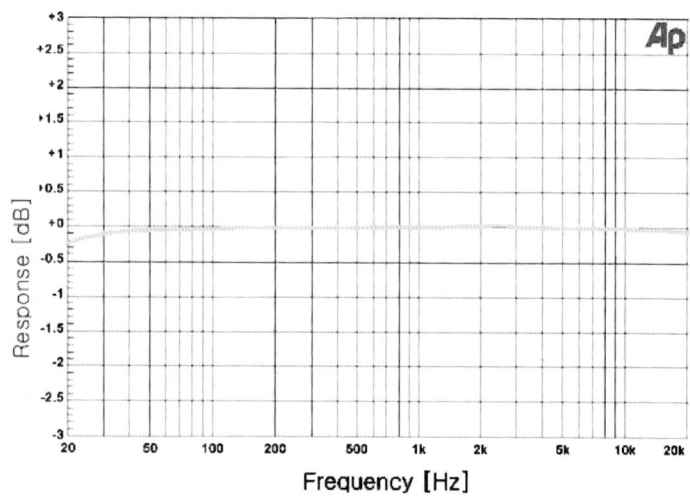

다) 디지털 시스템 주파수 응답도

그림 4 - 48. 주파수 응답 특성 비교 그래프

구현한 디지털 시스템에서는 저음역에서 고음역까지 전 대역에 걸쳐서 평탄한 주파수 응답도를 보여준다. 기존 시스템에서는 10kHz 부근에서부터 상승하지만 +/-3[dB] 지점까지 오차를 인정하므로 실제 시스템에서는 큰 차이를 느끼지 못한다. 그러나 10kHz 이후의 대역도 평탄하게 재생되어야 고음 특유의 명료도와 맑고 깨끗한 사운드를 감상하게 되는 것이다.

5) 음질 평가 및 실험 평가

음질 평가를 위하여 개인들이 느끼는 훌륭한 소리도 설계 목표와 평가의 척도가 될 수는 없다. 개인의 기호에 따라 기준이 시시각각 다양하게 변하기 때문이다. 측정 결과 그래프에서 나타나듯이 소리를 들을 때의 잡음이나 소리의 높이, 세기, 음색은 물론, 잔향감 등의 여러 가지 요소를 비교해 보았을 때 디지털로 구성하였을 경우 측정값이 향상되고 긍정적인 결과를 나타냈다.

음악이나 방송 등을 청취하며 기존의 시스템과 비교하였다. 사용의 편리성과 홈시어터에서 재생되는 웅장하고 탁월한 음향 효과로 기능과 성능을 만족할 수 있었다. 기존 제품과 구현한 시스템을 실험한 결과를 정리하면 [표 4-4]와 같다.

표 4-4. 아날로그, 디지털 시스템 비교표

구 분	아날로그 7.1채널	돌비디지털 7.1채널
출력 (THD 10%)	8.5 W	62.5 W
왜율 (1 kHz)	0.24 %	0.02 %
신호 대 잡음비	77.8 dB	87.1 dB
채널 분리도	44.2 dB	55.5 dB
주파수응답도	80 Hz ~ 20 kHz	20 Hz ~ 20 kHz
HUM & NOISE	4.28 mV	2.01 mV

고출력과 저출력의 시스템으로 출력 비교가 곤란하지만 동일한 정격 출력(rms)에서의 왜율이 0.02%와 0.24%로 약 10배 정도의 차이를 보여주고 있다. 왜율에 따라서 SNR과 험 노이즈도 디지털 시스템이 우수하다. 스피커의 재생 능력을 표현하는 주파수 응답도에서도 가청 주파수 대역 전체를 재생하는 능력을 갖추게 되었다.

영화를 감상할 때 8개 채널로 분산되어 입체감 있고 실감나는 음향을 즐기게 된다. 음악의 경우 전방위로 에워싸고 있으므로 어느 쪽이 정면인지 알 수 없을 정도로 온몸으로 7.1채널 홈시어터 시스템을 느끼게 된다. 요즘은 만화 영화까지도 거의 입체 음향으로 제작되어 현장감과 박진감 넘치는 영화를 감상할 수 있다.

기존 시스템과 구현한 시스템을 과학적인 방법으로 테스트 결과를 비교 분석해보면, 구현한 제품의 특성이 우수함을 알 수 있다. 특히 응답도와 잡음 등에서 많은 차이를 보여준다. 성능 이외의 기능 면에서도 편리함을 제공한다. 후면 스피커를 2.4GHz 무선 블루투스(bluetooth)로 사용하는 것도 편리한 기능이다. 제품의 효율과 성능의 우수성을 인정하지만 기능의 편리성도 높이 평가받고 있다.

제5장

다채널 시스템을 위한 오디오 신호의 직렬 전송

본 장에서는 멀티채널 시스템의 다양하고 복잡한 오디오 신호처리를 간단한 구조로 설계하는 방법을 설명하고 구현하고자 한다. 멀티미디어 시스템이 발달하면서 오디오 시장 또한 날로 발전하며 커지고 있다. 스피커는 오디오 시스템에서 최종적으로 소리를 출력해 주는 기구로 오디오 시스템 전체의 성능을 결정하는 매우 중요한 부분이다. 초기 오디오 시스템의 경우에는 단지 사람이 들어, 음향을 확인할 수 있는 것에 목적을 두었다. 따라서 한 개의 스피커만을 사용했다. 그 후 오디오 기술이 발전하면서 두 개의 스피커를 사용하는 스테레오 시스템이 일반화되었다.

HTS(Home Theater System)과 같이 다채널을 갖는 시스템에서 스피커들을 직렬로 연결하여 제어하는 방법에 대해 연구하고 구현하였다. 이 시스템은 오디오 본체에서 각 채널의 아날로그 오디오 신호를 디지털로 변환한 후 신호처리 과정을 거쳐 패킷으로 생성한 후 시리얼로 연결한 각 스피커들로 전달한다. 신호처리는 디지털 음향 신호를 시리얼로 전송하기 위한 새로운 디지털 전송 음향 신호의 패킷 형식을 제안하고, ADC 변환과정과 음향신호의 특성을 고려한 압축 과정을 포함하고 있다. 각 스피커 단에는 FPGA를 포함한 디코딩 회로를 가지고 있으며 전달되는 패킷에서 해당하는 신호만을 검출하여 복원한 후 스피커로 해당하는 음향을 재생한다.

오늘날의 오디오 기술은 더욱 발전하여 HTS가 일반화되어 오디오 시스템에서 6개의 스피커를 사용하는 5.1채널이 보편화되고 있으며 더 나아가 7.1채널 또는 9.1 채널 또한 활발히 연구되고 있다. 고성능 오디오 시스템에서는 여러 개의 스피커를 연결할 때 사용하는 물리적인 방식에 따라 성능에 영향을 주기 때문에 시공하는 단계부터 세심한 주의가 필요하다. 현재는 오디오 유닛에서 스피커로 신호를 전달할 때 아날로그 신호를 사용한다. 따라서 각각의 스피커마다 다른 선로를 시공해야 한다. 여러 개의 스피커를 사용하는 시스템은 배선을 하는 데 많은 어려움이 있을 뿐 아니라 유지 보수 과정에서도 많은 어려움이 있다.

1. 다채널 스피커의 시스템 개념

시스템을 구현하기 위한 전체적인 블록 다이어그램은 [그림 5-1]와 같다.

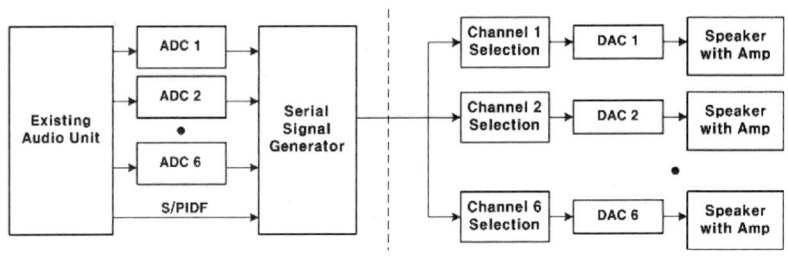

그림 5-1. 전체 시스템 블록 다이어그램

아날로그 음향 신호를 디지털로 변환하고 이를 압축 및 패킷화하여 시리얼 신호로 변환하여 전송하는 과정을 나타낸 것이다. 우측에서는 시리얼로 전달된 다 채널의 신호에서 해당 채널의 신호만을 검출하여 디지털로 변환한 후 각 스피커에서 재생한다. 시스템에서 데이터를 처리하고 변환하는 과정은 [그림 5−2]과 같다.

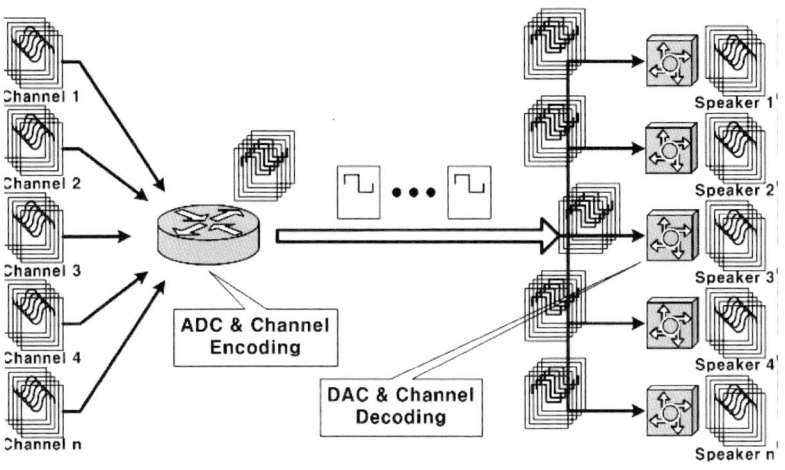

그림 5−2. 데이터 변환 다이어그램

2. 현재의 스피커 연결방법

현재의 5.1 채널 오디오 시스템은 [그림 5−3]과 같이 우퍼를 포함한 6개의 스피커를 오디오 본체 주변에 위치시킨 후 각각 배선한다. 따라서 배선이 복잡하고 스피커를 연결하는 과정에서 양질의 음질을 보장하기 위해 높은 가격의 연결선을 사용하고 시공 과정에서 상호 임피던스를 맞추는 등 일반인들이 작업하기에는 많은 어려움이 있다. 이런 문제를 개선하기 위해 [그림 5−4]와 같이 블루투스나

2.4GHz 대의 RF를 이용한 무선 스피커 시스템을 사용하고 있다. 그러나 무선 스피커 시스템의 경우 사용자의 뒷면에 위치하는 두 개의 스피커만을 고려하고 있으며 별도의 송수신 모듈을 두어야 한다. 또한 사용 범위가 10M 내외로 제한이 있으며 간섭 등에 의한 잡음이 발생하는 등의 문제를 가지고 있다.

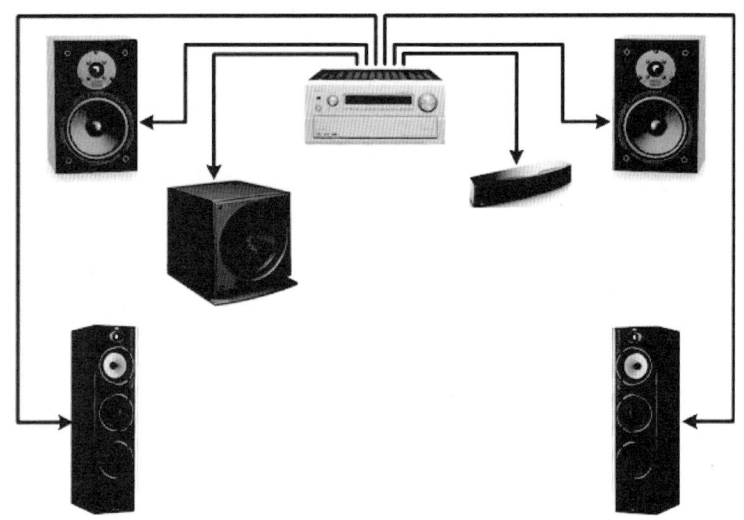

그림 5-3. 현재의 다채널 스피커 연결 방법

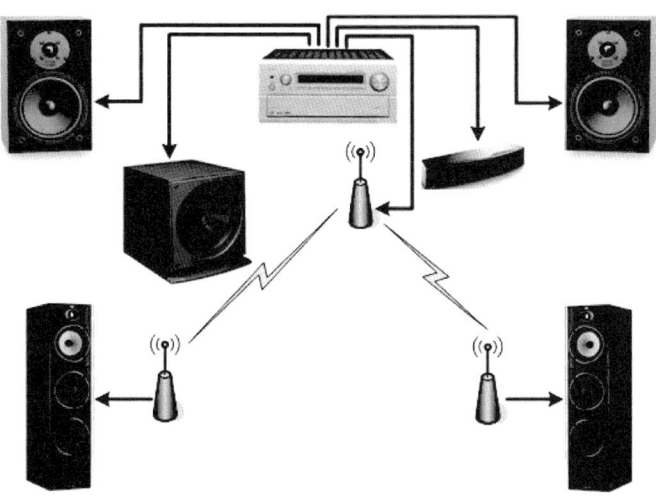

그림 5-4. 무선 스피커 연결 방법

위와 같은 문제들을 해결하기 위해 본 연구에서는 [그림 5-5]와
같이 다채널 오디오 시스템에서 하나의 연결선으로 여러 개의 스피
커를 연결하여 제어하는 방법을 제시하고 구현하였다.

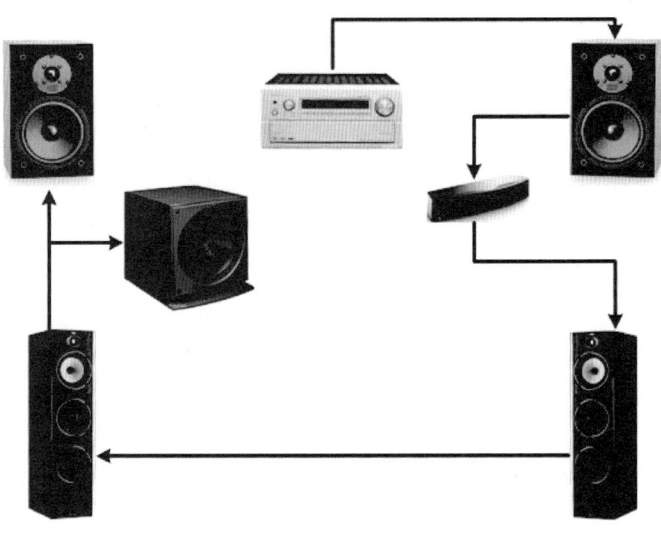

그림 5-5. 스피커 직렬연결 방법

　여러 개의 스피커를 그림과 같이 직렬로 연결하기 위해서 각각의 스피커로 전달하던 아날로그 신호를 디지털 신호로 바꾼 후 새로운 프로토콜을 정의하고 이에 맞추어 송·수신을 수행한다. 디지털 음향 기기의 경우라면 아날로그 신호를 디지털로 바꾸는 동작은 하지 않는다.

　직렬연결 방식을 사용하여 스피커들을 연결할 경우 다양한 방법으로 연결할 수 있다. 하나의 선을 사용하여 모든 스피커를 연결할 수도 있으며, 배선을 편하게 하기 위하여 두 개의 선을 사용하여 좌·우의 스피커를 각각 직렬로 연결할 수도 있다. 이때 모든 선로상의 신호는 동일한 디지털 데이터이므로 연결하는 스피커의 숫자나 연결 순서와 무관하게 스피커들을 사용할 수 있다. 이를 응용하면 [그림 5-6]와 같이 빌딩의 스피커 시스템을 구현할 수 있다.

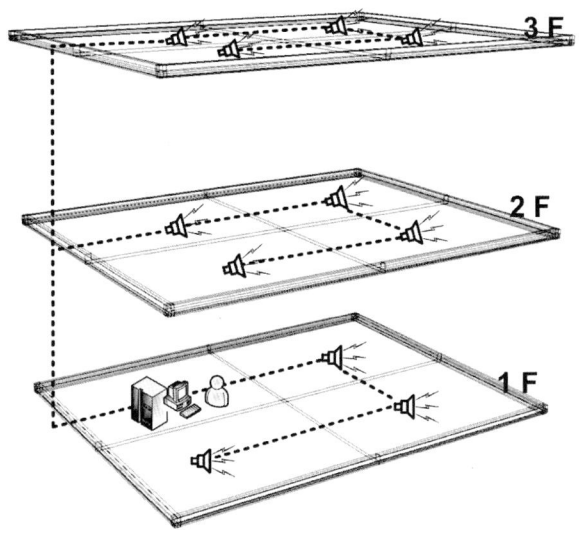

그림 5-6. 빌딩의 직렬연결 스피커 시스템 구현 예

이런 경우 각 층마다 서로 다른 방송을 하거나 임의의 스피커에
임의의 방송을 하는 것이 가능하다.

3. 음향신호 전송 시스템 설계

1) 다채널 스피커의 직렬연결

스피커들을 직렬로 연결하기 위해서는 오디오 본체에서 앰프를 통
해 각각의 스피커로 직접 전달하던 기존의 아날로그 음향 신호들을

우선 디지털로 바꾸어야 한다. 아날로그 음향신호의 경우는 신호의 특성상 자체에 음향 데이터와 스피커를 구동하기 위한 전력을 포함하고 있다. 고급 HTS의 경우 각 채널당 30[W]에서 400[W] 정도의 출력을 가지고 있다. 그러나 디지털로 변환된 신호는 각 채널별 음향 데이터만을 가지고 있다. 따라서 샘플링한 음질과 제어하는 스피커의 개수에 따라 디지털 음향 패킷 데이터의 크기도 달라진다.

2) 다채널 스피커 설계사양

본 장에서 구현한 다채널 오디오 스피커의 직렬연결 시스템은 [표 5-1]과 같이 사양을 가지고 있다.

표 5-1. 개발 사양

개발내용	사 양	비 고
디지털 샘플링 방법	I²S	디지털 변환 방식
샘플링 비율	44.1kHz	디지털 CD 수준
샘플링 크기	24bit	각 채널당
샘플링 주파수 대역	16Hz - 20kHz	가청 주파수 대역
스피커 개수	6개	5.1채널
최고 전송 속도	9 Mbit/sec	
전송 방식	차동신호 방식	

각 채널의 연속적인 아날로그 신호는 CD(Compact Disk) 수준의 음질을 갖는 디지털 음향 기기 전달 신호인 I2S(Inter-IC Sound) 버

스 신호로 변환한다. I2S 버스 신호는 CD, 디지털 사운드 프로세서, DTV(Digital TV) 등과 같은 디지털 오디오 디바이스의 음향 신호 규격이다. 만일 DD/DTS 또는 S/PIDF 등과 같은 디지털 음향 신호 출력을 갖는 경우에는 이러한 변환 과정을 거치지 않는다. I2S 버스 신호로 변환할 때 가청 주파수인 16Hz에서 20kHz의 주파수 대역을 Nyquist 샘플링 이론에 근거하여 44.1kHz의 속도로 PCM(Pulse Code Modulation) 변환 방식을 사용한다. 이때 샘플링 해상도는 각 채널마다 24bit이다.

일반적인 HTS의 경우 6개의 스피커를 사용하므로 CD 음질로 처리하기 위해서는 각 스피커마다 약 0.9Mbit/sec의 데이터를 처리해야 한다. 따라서 5.1채널의 경우에는 압축을 고려하지 않는 경우 5Mbit/sec 이상의 전송 대역폭을 필요로 한다. 본 연구에서는 향후의 확장성을 고려하여 최고 9Mbit/sec의 시리얼 전송 속도를 갖는 시스템을 설계하였다.

3) I²S 버스 신호 포맷 및 패킷 생성 방법

LRCK의 상태가 변한 후 SCLK의 두 번째 상승 에지부터 SDATA로 유효한 24bit의 데이터를 MSB부터 LSB의 순서로 출력한다. LRCK의 값이 '0'과 '1'인 경우 각각 다른 채널을 나타낸다. 본 시스템은 6개의 채널을 가지므로 [그림 5-7]의 A에서와 같이 11.34us의 시간 간격으로 LRCK가 '0'일 때는 1, 3, 5 채널과, '1'일 때는 2, 4, 6 채널에 해당하는 3 채널의 I²S 버스 신호를 동시에 출력한다.

각 채널에서는 22.68us의 시간 간격으로 패킷을 생성한다. 그리고

11.34us마다 3개 채널의 패킷을 전송한다. 따라서 SDATA에 유효한 데이터가 있지 않고 LRCK의 상태가 변하기 전인 7.09us(11.34us − 4.25us) 동안 3개 채널의 데이터 처리와 전송을 마쳐야 한다.

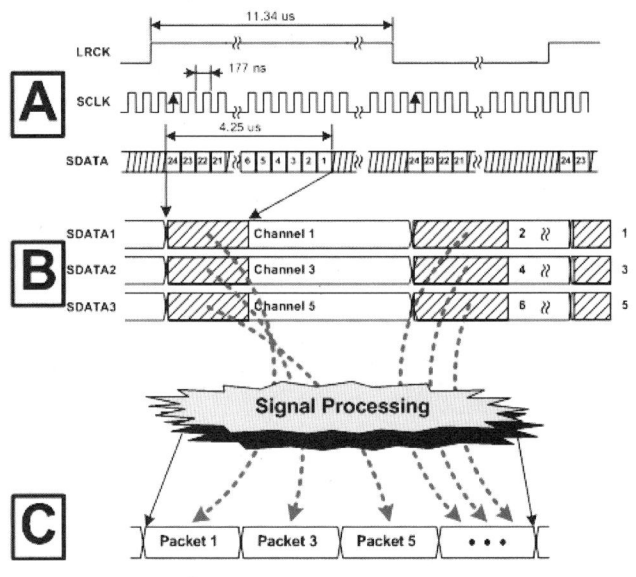

그림 5−7. I²S 버스 신호 포맷 및 패킷 생성 방법

원거리의 디지털 전송 선로는 특성상 수 MHz의 낮은 대역폭을 가지고 있다. 낮은 전송 대역폭으로 모든 채널의 음향 신호를 전송하기 위해서는 데이터를 압축해야만 한다. 7.09us 내에 3 채널 이상의 데이터를 실시간으로 처리하기 위해서는 하드웨어 적으로도 충분히 빠른 처리 능력을 갖추어야 한다. 이를 위해 각 채널의 I²S 버스 신호를 [그림 5−8]과 같은 방법으로 처리한다.

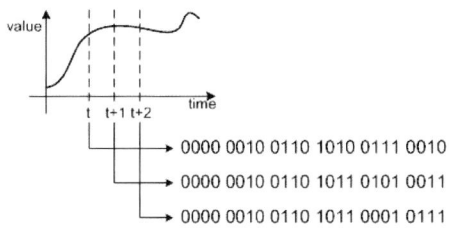

$t\ xor\ t+1 = 0000\ 0000\ 0000\ 000\mathbf{1\ 0010\ 0001}$

$t+1\ xor\ t+2 = 0000\ 0000\ 0000\ 0000\ 0\mathbf{100\ 0100}$

그림 5 - 8. 시리얼 음향 신호 처리

[그림 5 - 8]은 한 채널을 순차적으로 t, t+1 그리고 t+2 시간 별로 샘플링한 데이터의 크기와 이를 처리하는 과정을 나타내고 있다. 고음질의 디지털 음향 신호를 구현하기 위해서는 높은 속도로 샘플링 작업을 수행해야 한다. 따라서 순차적으로 샘플링을 수행한 데이터 간의 변화량은 매우 작다. 변화량이 작으므로 순차적인 데이터를 서로 xor 한 후 그 결과를 MSB에서 LSB 방향으로 스캐닝을 수행하면 처음으로 만나는 '1'부터가 두 데이터의 변화량에 해당한다. 예를 들어 t+1 xor t+2는 "100 0100"이다. 즉 원래 24bit의 크기를 갖는 데이터를 7bit만으로 변화량을 표현할 수 있다. xor 연산만을 사용하여 데이터를 처리할 경우 하드웨어적으로 적은 자원만을 소요하면서도 빠른 처리 속도를 갖는 장점이 있다.

[그림 5 - 9]는 채널당 24bit의 크기를 갖는 경우에 패킷의 종류와 형식을 정의한 내용을 나타낸 것이다. 그림의 그래프에서 I point는 아날로그 음향 신호가 갖는 전압 범위의 최댓값과 최솟값의 산술적인 평균값이다. 예를 들어 24bit로 샘플링할 경우 I point를 디지털로

변환하면 "0000 0000 0000 1111 1111 1111"이다. I point를 설정하면
송수신 측의 일정한 기준을 미리 정의해 다채널을 처리할 때 빠른
처리 속도를 유지하고 전송도중 패킷 손실 에러를 최소화할 수 있다.

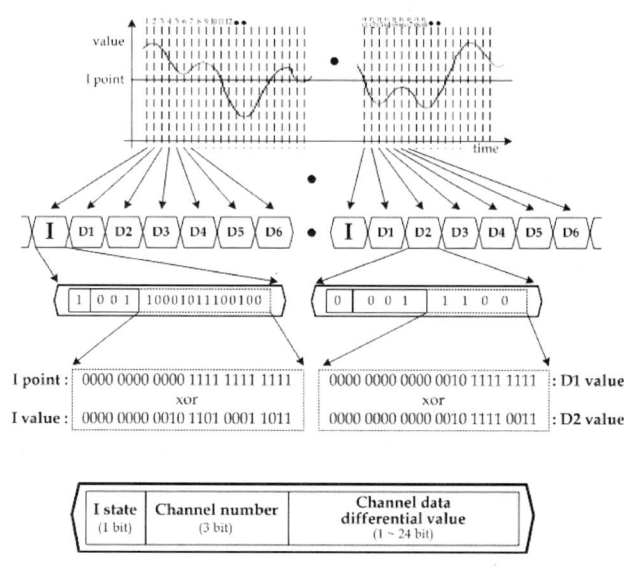

그림 5-9. I/D 패킷 압축 방법 및 패킷 형식

패킷은 헤더와 패킷을 구성하는 실제 데이터인 Channel data
differential value로 구성한다. 헤더는 I 패킷인지 D 패킷인지를 구분
하는 1bit의 I state와 해당 채널을 나타내는 3bit의 Channel number
로 구분한다. 5.1채널 이상에 적용할 경우 Channel number의 크기를
변경하여 조절할 수 있다. Channel data differential value는 I 패킷의
경우에는 I point와 첫 번째 샘플링한 값과 xor 연산을 수행한 결과

160

이고, D 패킷의 경우에는 현재 샘플링한 값과 바로 앞에 샘플링한 값을 xor 연산을 수행한 결과이다.

I 패킷은 항상 일정한 I point와의 연산 결과이므로 D 패킷의 전송 도중 패킷이 손실될 경우라도 다음 I 패킷부터 정상적인 값으로 복원된다. I 패킷은 기본적으로 일정 간격으로 발생하며 전송 상태에 따라 그 발생 빈도를 조절한다.

패킷의 전체적인 크기는 Channel data differential value에 따라 5bit에서 28bit까지 가변적인 값을 갖는다.

4) 시리얼 전송 신호 생성 블록 설계

[그림 5-10]은 전체적인 동작을 제어하는 시리얼 전송 신호 생성 블록 다이어그램으로 [그림 5-6]의 Serial signal generator블록에 해당한다.

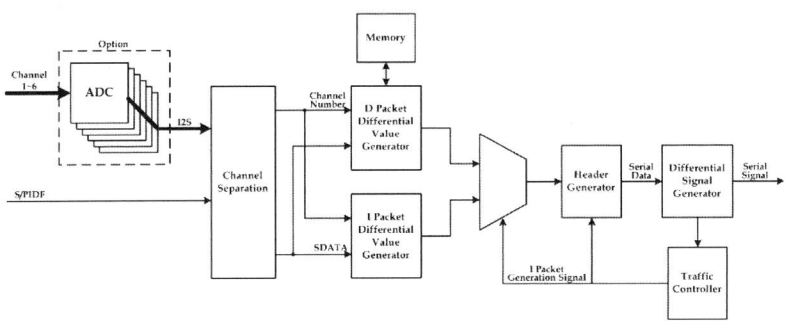

그림 5-10. 시리얼 전송 신호 생성 블록 다이어그램

각 채널별 아날로그 신호들은 음향신호 전용 ADC를 사용하여 I²S 버스 신호로 변환하여 Channel separation 블록으로 보낸다. 이 경우 ADC에서 생성된 신호는 각 채널별로 분리된다. 만약 디지털 음향 신호인 S/PIDF 신호인 경우에는 직접 Channel separation 블록으로 보낸다. S/PIDF 신호는 모든 채널의 데이터를 포함하고 있다.

Channel separation 블록에서는 연속적으로 들어오는 여러 채널들의 I²S 버스 신호에서 채널별로 SDATA를 분리해 Packet differential value generator 블록으로 보낸다. 이 블록은 D 패킷과 I 패킷을 생성하는 블록으로 나누어진다.

Traffic controller는 전송상태를 판단해 전송률을 조절하는 I packet generation signal을 발생한다. 이 신호에 따라 I 패킷 또는 D 패킷의 생성이 결정된다. 예를 들어 44.1kHz의 샘플링 속도를 갖는 디지털 음향 신호에서 매 20번마다 I 패킷을 생성시킬 경우 전송 중 패킷이 손실되면 최대 0.45usec 내에 원래의 신호로 복원할 수 있다. 그러나 5.1채널의 경우 전송 대역폭보다 작은 데이터양을 가지고 있으므로 Traffic controller에서 더 많은 비율의 I 패킷 발생 신호를 발생하므로 패킷을 전송하는 도중 문제가 발생해도 사람이 인지하지 못할 정도로 빠르게 원래의 데이터를 복원한다.

디지털 신호의 전송은 통신 거리, 속도 및 노이즈의 영향 등에서 우수한 특성을 갖는 선간 전압 차이를 이용한 일반적인 차동 신호 전송 회로를 사용하였다. 현재 차동 신호 시리얼 전송을 이용할 경우 1.2km의 전송 거리와 최고 전송 속도 10MHz의 전송 대역폭을 보장한다[9]. 따라서 일반적인 HTS는 50m 내외의 전송 거리를 가지고 있으므로 스피커들을 연결하는 데 전송 거리를 확장시키기 위하여 중간에 증폭회로 같은 장비를 사용할 필요가 없다. 본 연구에서는 각 스피커를 직렬로 연결하여 디지털 음향 데이터를 전송하기 위한 전송 설로로 비차폐 연선인 UTP(Unshielded Twisted Pair)를 사용하여 동시에 세 개의 전송 채널을 사용한다.

수신 측에서는 패킷의 헤더에서 Channel number를 검출하여 해당 채널일 경우에만 패킷의 I state 비트를 분석한다. I state가 '1'일 경우에는 I 패킷에 해당하므로 Channel data differential value와 I point 값을 가지고 원래의 I^2S 버스 신호를 복원해 낸다. 그리고 I state가 '0'일 경우에는 D 패킷에 해당하므로 Channel data differential value와 이전에 복원한 데이터를 가지고 I^2S 버스 신호를 복원한다. 즉 수신 측에서는 전송되는 패킷을 분석해 원래의 데이터를 복원하므로 I 패킷에 대한 제반 회로가 필요 없다. 이렇게 복원된 각 채널의 I^2S 버스 신호는 DAC 변환기와 앰프를 사용하여 스피커들을 구동시켜 실제 음향을 만들어 낸다.

4. 다채널 스피커의 구현 및 성능 평가

구현한 다채널 스피커의 직렬연결은 VHDL로 모델링한 후 FPGA를 사용하여 구현하였다. 그리고 Cirrus Logic사의 ADC1877을 3개 사용하여 ADC를 수행하였다. 각 ADC는 2개의 채널을 변환한다. 따라서 총 6개 채널의 디지털 음향 신호를 처리한다.

[그림 5-11]은 시스템을 구현한 후 6개 채널의 스피커들을 모두

연결한 결과로 제안한 알고리즘과 성능을 확인할 수 있다.

그림 5-11. 구현한 시스템

　구현한 시스템에서 한 채널의 입력 아날로그 음향 신호와, 모든
과정을 거쳐 최종적으로 재생한 아날로그 음향 신호와의 파형을 각
각 나타내면 [그림 5-12]와 같다. 샘플링 크기는 24 비트이며 주파
수는 44.1kHz이다. 그림에서 처음의 그래프는 입력으로 주어지는 한
채널의 아날로그 음향 신호를 나타낸 것이다. 아래의 그래프는 음향
신호 압축 및 패킷처리 과정, 그리고 전송 과정을 거쳐 최종적으로
ADC를 통한 아날로그 재생 음향 신호 파형이다. 두 개의 그래프를
비교해보면 원본과 재생 신호가 유사한 것을 알 수 있다.

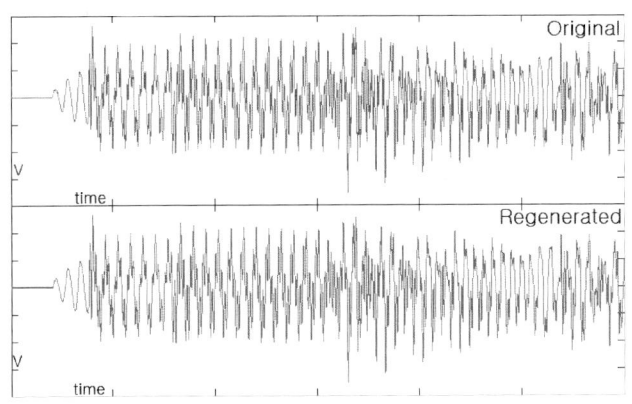

그림 5-12. 원 음향 신호와 재생 신호의 파형

원래의 음향 신호 및 재생 신호의 지연 시간을 확인하기 위해 두
신호를 겹치고 시간 축을 기준으로 확대를 하면 [그림 5-13]과 같
다. 두 음향 신호는 11us의 지연 시간을 갖는다. 본 시스템에서 처리
하는 6 채널은 모두 동일한 지연 시간을 갖는다.

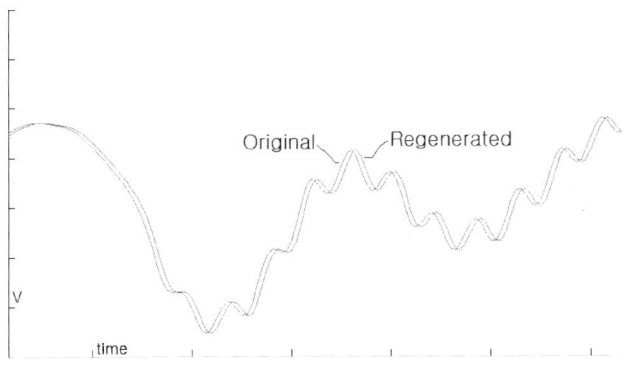

그림 5-13. 원래의 신호와 재생 신호의 비교

다채널 오디오 스피커의 직렬연결 시스템은 기존의 아날로그 방식의 오디오 스피커 연결 시스템에 비해서 설치 및 시공이 간편하고 스피커 선의 비용을 절감할 수 있다. 또한 스피커의 연결이 쉬우며 음향 신호를 전달하는 과정에서 왜곡이 없다. 그리고 사후 유지 관리가 쉽다는 장점을 갖는다. 반면에 각각의 스피커에 파워를 공급해 주어야 하는 단점도 가지고 있다.

본 연구에서 구현한 다채널 오디오 스피커의 직렬연결 시스템은 디지털 CD 수준의 음질을 갖는 5.4MHz/sec의 데이터를 직렬로 전송하고 처리할 수 있다. 또한 HTS뿐 아니라 빌딩과 같이 많은 숫자의 스피커를 사용하는 곳에도 적용할 수 있다.

제6장

결 론

이 책에서는, 가정에서나 멀티미디어 환경에서 많이 사용하는 홈시어터 스피커 시스템을 전기적인 회로 특성과 음원 처리 및 증폭 기능을 디지털로 개선하고 잡음이나 음의 찌그러짐이 없이 입체 음향을 청취할 수 있는, 디지털 음향 기술을 이용한 7.1채널 홈시어터 스피커 시스템을 구현하였다.

일상생활에서 소리를 듣고 음악을 감상한다는 것은 매우 중요한 일이다. 사물을 보며 시각에 의한 평가도 중요하지만 영화나 음악을 감상하면서 감정을 전달받는 것도 중요하다. 낮은 음과 높은 음, 강한 음 등의 음색 구별이 안 된다면 우리는 감동을 받을 수 없게 된다. 2007년도 정부 주관 기술혁신 지정 과제에도 입체 음향에 대한 개발을 요구하고 있다.

기존에는 스피커 유니트를 그대로 두고 음향 설계가 검토되어 왔다. 고음역과 저음역을 조합하고, 회로를 이용하여 채널별로 주파수 특성과 음장감을 최대화하며, 스피커 위치에 따라 인클로저(enclosure)를 설계하는 방법을 사용했다.

이번에 구현한 시스템에서는 음을 방사 분리하기 위해 소리의 감각적 성질을 갖는 진폭과 음압 레벨에 기초를 두고 스피커 유니트를 설계하였다. 음압 레벨은 85[dB] 이상으로 하였으며, 전면 채널과 후면 및 서라운드 채널의 오디오 신호를 조합하고 증폭하는 것은 DSP56367와 MP7781 칩(chip)을 이용하였다. 채널별 80[W]로 전체 640[W]의 증폭으로 설계하여 7.1채널의 기능으로 깨끗하고 박력 있는 음장감을 느낄 수 있도록 하였으며, DTV에서 방송되는 영화나 드라마 등을 풍부한 출력으로 디지털 음향의 고품질 사운드를 감상하게 하였다.

디지털 음향 기술은 꾸준히 발전을 해왔다. 입체 음향 기술이

DTV의 방송 음향 규격의 표준화가 되면서 디지털 음향으로 인코딩하는 음악과 게임 등 다양한 콘텐츠가 개발되고 있다. 발전하는 정보 가전기기에 알맞게 디지털 음향 기술을 이용한 7.1채널 홈시어터 스피커를 개발하게 되었다.

차세대 시스템으로는 디지털 라이브 기술로써 음향 신호를 실시간으로 부호 다중화하여 게임 및 영화에 현실감을 고조시키는 시스템이다. 돌비의 차세대 음향 기술인 디지털 플러스를 적용한 미래의 방송 요구에 대응한 개발이 필요하며, 돌비디지털을 내장하고 DVD와 HD 방송을 위한 다채널 오디오 표준에 대응해야 한다. 미래의 전송 형식을 위하여 양방향 송, 수신이 가능하게 하고, 7.1채널 이상 프로그램과 HDMI를 지원하도록 구축해야 한다.

향후 연구 과제로는 9.1채널과 11.1채널 등의 새로운 홈시어터 시스템을 구현하고, 스피커 위치나 각도에 따라 음질과 음향이 변하게 하는 방사 거리 및 음장감에 대하여 꾸준히 연구한다. 스피커 수량이 늘어남에 따라 다량의 스피커들을 직렬로 연결하는 기술을 적용해서 설치 사용이 편리한 다채널 홈시어터 스피커 시스템을 개발한다. 빔포밍 방식으로 위상차 등을 이용해 가청 구역을 설정하고 일정한 오디오 공간을 형성하여 타인에게 피해를 주지 않는 개인형 (private)의 홈시어터 스피커 시스템을 개발 과제로 삼았으면 한다.

참고문헌

한국 정보통신 산업협회, "홈네트워크 수요 조사와 홈디지털 서비스", 진한 2004.

박지형, 김강수, "디지털 TV 전송 기술", 커뮤니케이션북스, 2002.

기현철, "아날로그 회로 설계", 두양사, 2006.

이강승, "최신 입체 음향", 기전연구사, 2002.

권오균, "무 방향성 PC용 스피커 시스템 설계", 경희대, 2002.

나기환, "스피커 자기 회로 설계에 관한 연구", 연세대, 1994.

강성훈, "음향 시스템 이론 및 설계", 기전연구사, 1999.

차일환, "음향 공학 개론", 한신문화사, 1976.

강태영, "오디오 콘트롤", 나남출판, 1995.

이규태, 장영, 서종덕, "디지털 방송 영상 제작 기기", OK Pass, 2005.

Dolby Labs, "Dolby Productuon Guide-Line" Dolby Labs, 2006.

Yasuji Ito, "Denjitaru Kairo", Ohmsha, 1998.

고도흥, 구희산, 김기호, 양병곤, "음성과학", 한국문화사, 2000.

홍안의, 박종안, "디지털 논리와 시스템 설계", 서문각, 2003.

권오균, "음향 특성과 설계 측정", 한국스프라이트 연구소, 1998.

이병호, "음향학 I 대우학술총서 134", 민음사, 1999.

대한 전자공학회, "전자 공학 용어 사전", 교학사, 1997.

대한 전자공학회, "HDTV 이론과 기술", 청문각, 2000.

전호인, 신용섭, "홈네트워킹 기술 표준화 동향", 전자공학회지 제29권 제6호, pp.18-39, 2002.

권오균, 송문빈, 이승원, 이영원, 정연모, "다채널 스피커 시스템을 위한 오디오 신호의 직렬 전송", 한국 음향학회, 제24권 제7호, pp.387-393, 2005.

David B.Weems, "Designing, Building, and Testing You Own Speaker

System", 4th Edition, McGraw‒Hill, 1997.

J.Dinsdale, "Horloud Speaker Design", Wireless world, NY, 1975.

Nobuo Fujii, "Handeibukku Denshi", ohmsha,Ltd, 1996.

권오균, 송문빈, 정연모, 전계석, "홈시어터 스피커를 위한 S/PDIF 7.1채
널 디지털 앰프의 구현", 한국 음향학회, 제26권 제5호, pp.188‒
193, 2007.

Julian Nathan, "Back‒to‒Basics Audio", Newnes, 1998.

David B. Weems, "Great Sound Stereo Speaker Manual" Second Edition,
McGraw‒Hill, 2000.

F.A.Everest, "The master handbook of acoustics", Tab Books, 1994.

Edward T. Dell, Jr, "Audio Amateur Loudspeaker Projects", Audio Amateur
Publishing Group, 1992.

山本武夫, "スピーカシステム", pp219‒250, ラツオ技術社, 1981.

Vance Dickason, "The Loudspeaker Design Cookbook", Sixth Edition,
Audio Amateur Press, 2000.

John L. Murphy, "Instroductuion to Loudspeaker Design", True Audio
TA, 1998.

吉久, "スピーカ", pp.32‒55, 理工研究社, 1973.

John G. Proakis, Dimitris G. Manolakis, "Digital Signal Processing"
Principles, Algorithme,and Applications, Prentice Hall, 1996.

L.Beranek, "Acoustics Measurements", pp.651‒660, AIP NY, 1998.

Benjamin Stein, John S. Reynolds, "Mechanical and Electrical Equipment
for Buildings", Nine Edition, John Wiley & Sons Inc, 2000.

Don Davis,Carolyn Davis, "Sound System Engineering" Second Edition,
Focal Press, 1997.

David Miles Huber, Philip Williams, "Professional Microphone Techniques", Mix books, 1998.

John Watkinson, "The Art of Sound Reproduction", Focal Press, 1998.

佐伯多門, "スピーカ & エンクロージャ百科", 誠文堂 新光社, 1992.

Vance Dickason, "Loud Speaker Recipes", Old Colony Sound Lab, 1994.

박지형, "다채널 음향", 커뮤니케이션북스, 2006.

牧田, 現代音響學, オーム社, 1987.

권오균, 임혁, 송문빈, 정연모, 전계석 PC용 무방향성 스피커 시스템의
    개발(406). 대한전자공학회 학술지, 2003.

中山 昇, Electronics－Seisaku Idea－syuu, Audio Visual－hen, CQ Pub-
    lishiag Co.Ltd. 1997.

http://www.dolby.com/professional/product_manufacturing/professional.html

http://www.aes.org/technical/lh

http://www.cirrus.com/en/products/pro/areas/mixedsig_av.html

http://soundmasters.kaist.ac.kr/data%20bank/dictionary/Signal4.htm

http://www.bluetooth.com

http://www.homepna.org

http://grouper.ieee.org/groups/802/11

http://www.dvd.org

B. Forouzan, *Data Communications and Networking Third Edition*, McGraw
    Hill, 2003.

C. Busbridgem Y. Huang, and P. A. Fryer, "Crossover Systems in Digital Lou
    dspeakers", *AES Journal,* Vol.50. No.10, pp.791, 2002.

K. Parfi, *VLSI Digital Signal Processing Systems: Design and Implementati n*,
    Material.

P. Rashinkar, P. Paterson, L. Singh, *System －On －a －Chip Verification Metho
    d ology and Techniques*, Kluwer Academic Pub.

W. Wolf, *Modern VLSI Design Third Edition*, Prentice Hall PTR, 2002.

X.Bosun, "Signal Mixing for a 5.1 − Channel Surround System − Analysis an
d Experiment", *AES Journal*, Vol.49, No.4, pp.263, 2001.

http://whatis.techtarget.com/definition/0,,sid9_gci817575,00.html.

http://www.cirrus.com/en/products/pro/areas/mixedsig_av.html.

http://para.maximic.com/compare.asp?Fam=RS485&Tree=Interface&HP=Int
erface.cfm&ln.

부 록

1. 디지털 7.1채널 홈시어터 회로도

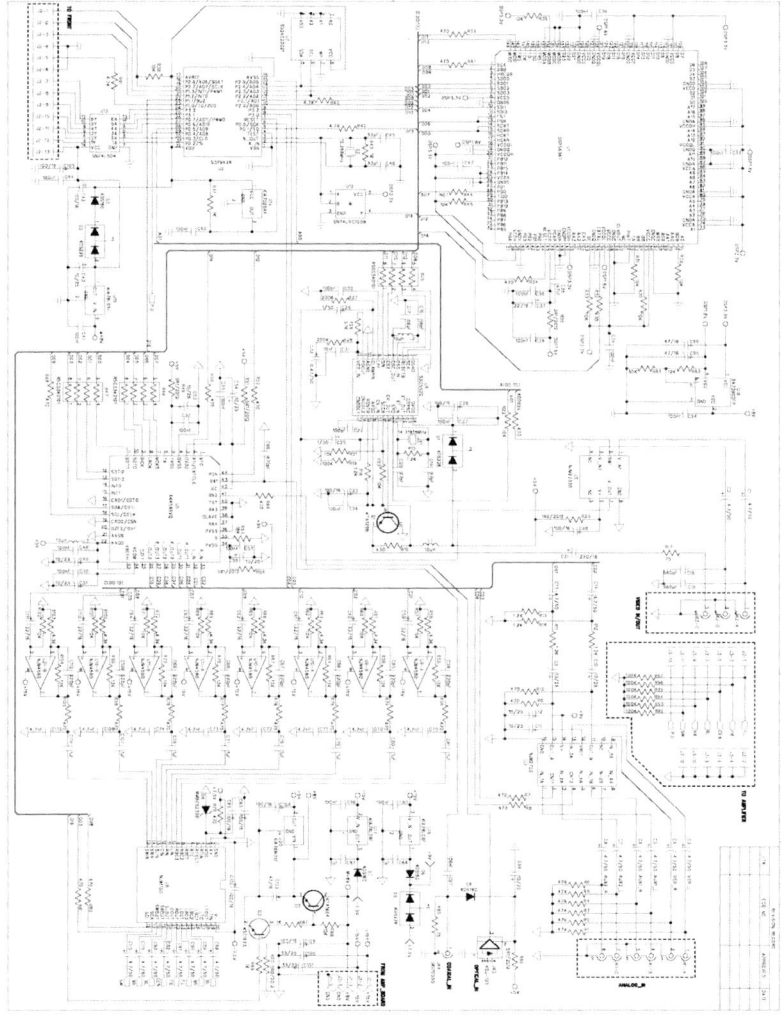

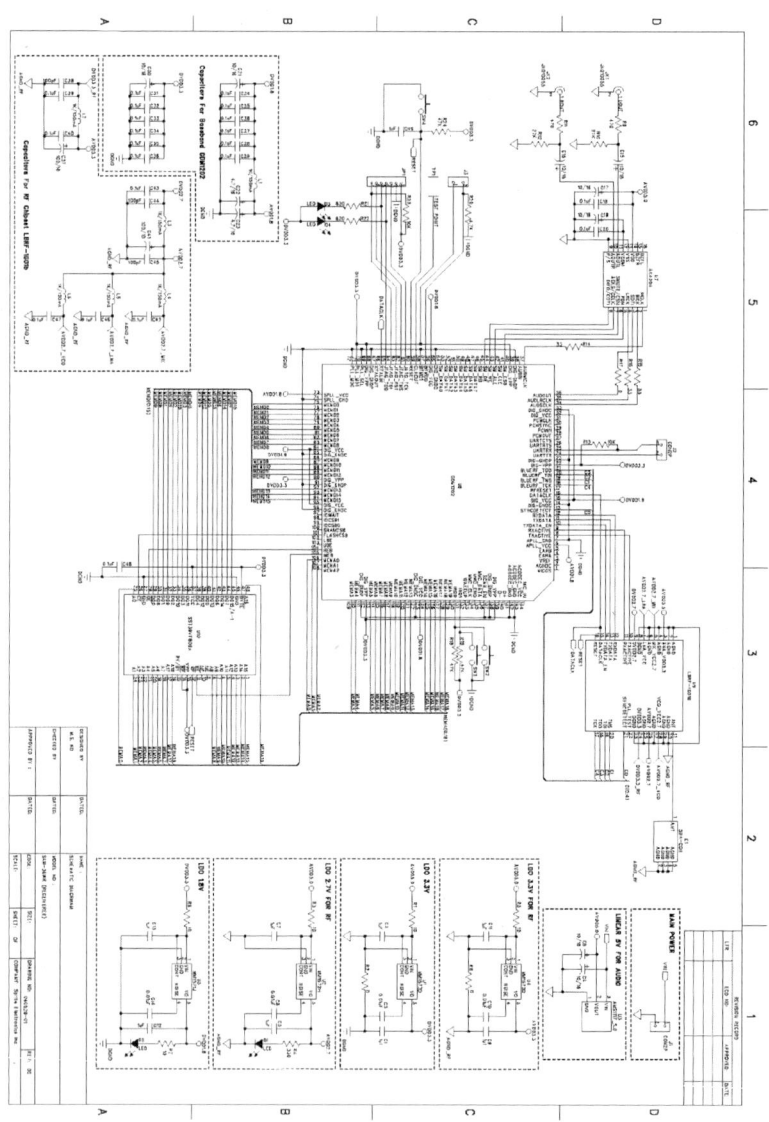

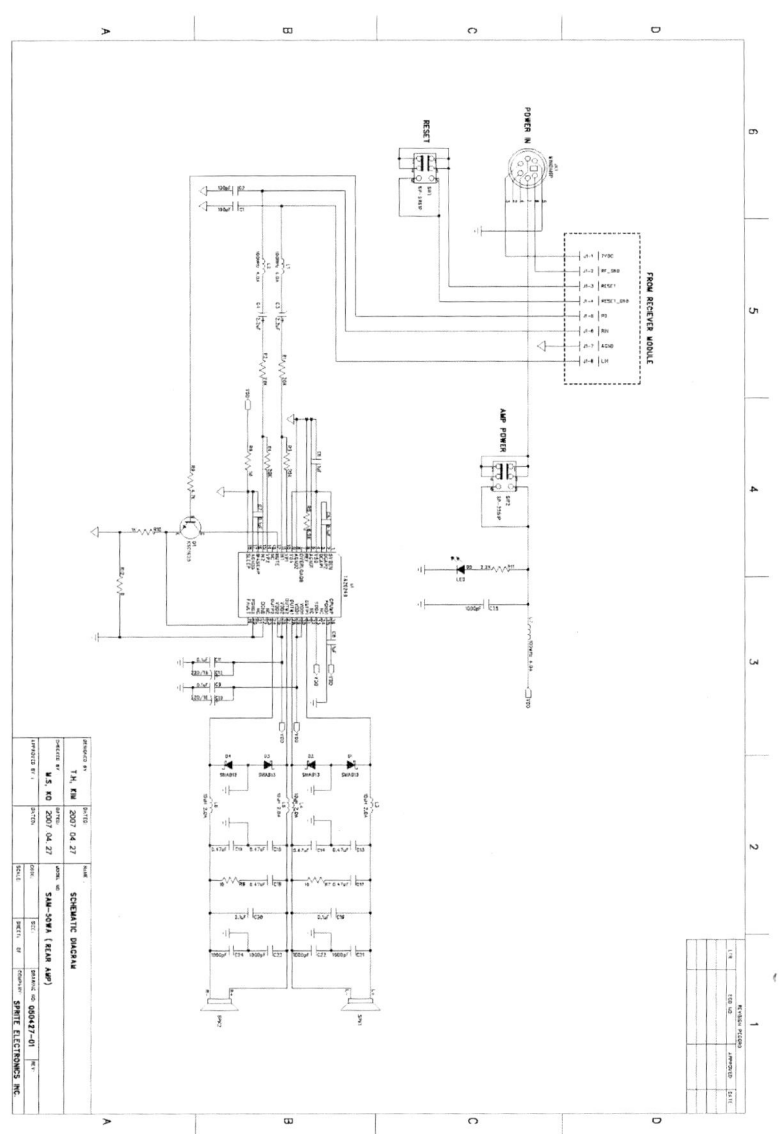

2. 디지털 음향 기술 용어 설명

AC3: Audio Coding Algorithm 3의 약자로 Dolby Digital을 말함

AES(Audio Engineering Society): 미국 음향 기술자 협회. Audio Engineering Society는 지난 50년 이상 오디오 기술 발전에 전문적이고 독점적으로 기여한 음향 기술자 단체이다.

CODEC:
코더(coder)와 디코더(decoder)의 합성어로, 음성이나 비디오 데이터를 디지털 신호로 바꿔 주고 그 데이터를 사용자가 알 수 있게 원래대로 재생시켜 주는 기능이다. 동영상처럼 용량이 큰 파일을 작게 압축하는 것을 인코딩, 원래대로 해독하는 것을 디코딩이라고 한다.

DAB(Digital Audio Broadcasting):
기존의 AM/FM 방송과 같은 단순한 오디오 서비스를 뛰어넘어 콤팩트디스크 수준의 고품질 음향은 물론, 문자, 그래픽, 동영상까지 전송이 가능한 오디오 방송을 말한다. 위성과 지상망을 동시에 활용해 멀티미디어 유료 방송도 실시하고 있다.

DTV(Digital Television):
미국 차세대 TV위원회(ATSC)는 모든 종류의 디지털 방송을 DTV라고 정의했다. 기존의 아날로그 신호를 수신하는 방식이 아닌, 디지

털 신호를 수신하는 TV를 말하며 디지털 대역을 통해 서비스되는 방송 시스템과 그에 수반되는 다양한 부가 서비스들도 포함한다.

DVB(Digital Video Broadcasting):
유럽 각국이 공동으로 개발한 디지털 방송 규격이다. 유럽 방식으로 통칭되는 DVB 규격은 케이블TV, 위성, 지상파 및 공시청 안테나 등 여러 매체의 공유성을 높인 특징이 있다.

DYNAMIC RANGE:
음향 신호를 전송하거나 녹음할 때 취급하는 최강음과 최약음의 비를 데시벨[dB]로 나타내며, 허용 출력 왜곡으로 제한된 최대 신호 진폭과 잡음이 허용되는 최소 신호 진폭의 비이다. 공연장에서 오케스트라의 다이내믹 레인지는 약 80~90[dB]에 이르는데, 녹음된 음에서는 기존의 일반 디스크 레코드가 40~50[dB], 테이프 레코드가 50~60[dB]이다. 최근 디지털 녹음에서는 디스크에서 약 90[dB] 정도의 다이내믹 영역을 얻을 수 있다.

HDTV(High Definition Television):
기존 텔레비전 주사선수가 약 525~625선이고 고화질 텔레비전은 2배 이상 많은 1,050~1,250선이다. 고화질로 사실감을 느낄 수 있게 되면서 위성 방송은 물론 CATV, 영상회의 등의 보급을 확산시키고 네트워크를 이용한 홈쇼핑, 홈뱅킹을 일반화하는 현실이다. 고해상도 기술의 발달로 인쇄, 영화, 방위, 의료 산업 응용에 많이 이용되고 있다.

DATA RATE (Data Rate / Data Transfer Rate):

기기 간에 전송되는 데이터의 단위로 시간당 비트 수 또는 바이트 수 등을 말한다. 단위 시간은 초, 분, 시간으로 정하는데 예를 들면 bps(bits per second) 또는 Bps(Bytes per second)와 같이 표시한다.

META DATA:

다른 데이터를 설명해 주는 속성 정보라고도 한다. 대량의 자료 중에서 정보를 효율적으로 찾아내기 위하여 일정한 규칙으로 콘텐츠에 부여되는 데이터이다. 콘텐츠의 위치와 내용, 작성정보, 권리조건, 이용조건, 이용내역 등이 기록되어 있다.

NTSC(National Television System Committee):

NTSC 방식은 인간의 눈이 미세한 면적에 대해서는 색채를 거의 느끼지 못하는 단점이 있다. 약 500kHz 정도 큰 면적의 신호는 3원색을 전송하고 중면적의 신호, 약 500kHz~1.5MHz에서는 색채의 포화도를 낮게 하며 미세한 면적의 신호 약 1.5MHz 이상에서는 휘도 신호만을 전송하는 방식을 사용하고 있다.

PAL(Phase Alternation Line):

NTSC 방식에 비해 신호 전송계에 색 변형이 적고 방송 설비에 고도의 규격이 필요 없다. 1초당 25프레임을 갖는 방송 방식으로 NTSC의 초당 30프레임보다는 뒤진다. 625라인의 수평 주사선으로 NTSC보다 해상도가 높다.

PCM(Pulse Code Modulation):

음성이나 영상의 신호를 디지털화하여 전송하고 축적하는 방식이다. 아날로그 데이터 전송을 위한 디지털 설계의 기본 변조 방식이다. PCM 내의 신호들은 논리적인 "1" 과 "0"으로 표현된다. 아날로그 신호를 디지털 신호로 변환하여 동영상, 음악 감상, 가상현실 등의 다양한 디지털 구현이 가능하다.

SDTV(Standard Definition Television):

HDTV 화질보다는 부족해도 NTSC보다 우수하다. 디지털 방식이므로 선명한 화면을 지원하며 HDTV보다 주파수 대역폭을 적게 차지하므로 데이터 방송, VOD 주문형 비디오와 같은 동시 서비스를 지원하기 알맞은 방식이다.

SECAM(Sequential Color with Memory):

주사선마다 2개의 색차 신호를 차례로 교체하면서 색 부반송파를 주파수 변조하여 휘도 신호에 중첩시켜 전송하는 CTV 방식이다. 프랑스, 러시아와 동유럽 국가에서 표준 방식으로 채택하고 있다.

SNR(Signal−to−Noise Ratio):

신호 대 잡음 비, 기준 입력 상태에서 입력 신호를 제거하여 잡음의 비를 측정한다. 단위는 데시벨[dB]을 사용한다.

DOLBY DIGITAL:

입체 음향 디지털 규격의 표준 방식으로 정식 명칭은 돌비 AC3이다. 돌비 디지털 방식은 전면 좌, 우와 센터 채널, 후면 좌, 우와 서브우퍼로 5.1채널의 디지털 오디오 데이터 압축 기술이다.

DOLBY SURROUND:
가장 보편화된 사운드 인코딩 규격으로 돌비 서라운드는 4개의 채널로 인코딩한 신호를 2개의 신호로 압축하고, 돌비 프로로직 서라운드 시스템에서 4개 채널로 디코딩하여 각각의 스피커로 출력한다.

DOLBY SURROUND PROLOGIC:
Dolby Surround Decoder에서 배우들의 대사를 출력하는 센터 채널을 독립시킨 형태로서 가상 센터 채널을 구현하는 돌비 서라운드 디코더에서 배우의 대사가 효과음에 묻히는 단점을 보완하였다. 음향 효과는 4.1채널로 재생한다.

DOWN MIX:
5.1채널 원음을 스테레오 등으로 출력해주는 기능을 말한다. 돌비 디지털 디코더가 없는 일반 스테레오 스피커 시스템을 위한 기능으로, 돌비 서라운드로 인코딩된 음원을 스테레오 스피커나 돌비 프로로직 시스템에 호환될 수 있도록 한 기술이다.

LFE(Low－Frequency Effects):
분리된 전면, 후면, 센터 등의 채널에 추가되는 저음 전용 채널이다. 메인 채널과 달리 LFE는 서브우퍼 저역만 재생하며, 지향성이 없어 채널의 효과를 갖지 않는다. 서브우퍼의 재생 목적은 전체적인 음향에서 저음을 보완하면서 입체 음장감과 박진감을 제공하는 역할을 한다.

S/PDIF(Sony/Philips Digital Interface):
디지털 오디오 전송 파일의 표준 형식이다. 디지털 오디오 장치들에서 많이 사용되며, 신호 품질을 저하되는 아날로그 형식으로 변환하지 않고 오디오 원음 파일을 전달할 수 있게 한다. Sony와 Philips가 규정한 디지털 신호 전달 및 인터페이스 방식을 말한다. 주로 동축 케이블 또는 광케이블을 사용한다.

3. 스피커 시스템 관련 약어 설명

b 기계적 저항

B 스피커 내부의 자장의 밀도

Bl_0 자장에 의한 가진력 상수

Bl_1 변위에 대한 자장의 계수

Bl_2 변위의 제곱에 대한 자장의 계수

$\triangle B$ $B - Bl_0$

C Capacitor

c 음속

e 입력 전압

d	힘 상수
E	기준 입력 전압
E_f	기준 입력 전압 필터를 통과한 후의 전압
E_c	보상 입력 전압
$\tilde{E}$	제어 입력
F	가진력의 크기
i	스피커 내부에 흐르는 전류
J_1	제1종 베셀(Bessel) 함수
K	스피커의 탄성
K_1	변위에 대한 탄성 계수
K_2	변위의 제곱에 대한 탄성 계수
K_3	변위의 세제곱에 대한 탄성 계수
$\triangle K$	$K - K_0$
L_e	보이스 코일의 인덕턴스(inductance)
M	스피커의 진동 부분의 유효 질량
P	음압(acoustic pressure/SPL)
γ_d	다이아프램의 반지름
r	다이아프램의 중심축으로부터 떨어진 거리
R	전기 저항
R_e	스피커의 전기 저항
R_m	스피커의 기계적 댐핑

S_d 다이아프램의 면적

$\triangle t$ 샘플링 시간

U 다이아프램의 체적 속도

x 다이아프램의 변위

$\dot{x}$ 다이아프램의 속도

$\ddot{x}$ 다이아프램의 가속도

ρ 공기의 밀도

ω 각속도

4. 스피커 시스템 관련 용어 설명

최저 공진주파수

스피커의 구동부가 일체로 되어 진동하는 주파수 대역에 있어서 진동부는 그 지지부와 더불어 단일 공진계를 이루고 특정된 주파수에 있어서 공진 현상을 나타내고 입력이 일정할 때 그 주파수로서 진동속도는 최대가 된다. 이 주파수를 최저 공진 주파수라 하며 간략하게 요약하면 보이스코일의 전기 임피던스의 절대치가 극대로 되는 주파수 중 가장 낮은 것을 말하고 단위는 헤르츠[Hz]로 표시한다.

공칭 임피던스

스피커의 보이스 코일인 전기 임피던스는 주파수에 따라 변화하는 값을 나타내지만 최저 공진 주파수 이상에서 극소로 되는 주파수 중 가장 낮은 주파수의 값을 말하고 옴[Ω]으로 표시한다.

스피커의 입력

입력이란 다음 식으로 계산되는 전력을 말하고 와트[W]로 표기한다.

$$P = \frac{E^2}{Z}$$

P: 스피커의 입력 [W]

Z: 보이스 코일의 공칭 임피던스 [Ω]

E: 보이스 코일의 단자에 있어서의 전압 [V]

① 정격입력: 스피커를 적정하게 동작시키기 위하여 지정된 입력을 말하고 와트[W]로 표시한다.

② 최대입력: 스피커에 극히 단시간 신호를 가한 때 허용되는 입력의 최대치를 말하고 와트[W]로 표시한다.

실효 주파수대역

저역 한계 주파수로부터 고역 한계 주파수까지를 말하며 최저 공진주파수에서부터 출력 음압레벨보다 10dB 저하한 주파수까지의 주파수 대역을 말한다.

크로스 오버 주파수(cross-over frequency)

멀티웨이 스피커시스템에 있어서 주파수 대역을 2개 또는 3개의 스피커로서 음성 신호를 재생시켜 주는데 이때 각 주파수 대역을 구분하여 주는 주파수를 크로스오버 주파수라고 한다.

출력음압 레벨

스피커에 지정된 대역 또는 주파수에 있어서 1W의 입력을 가할 때 기준 축상 1m의 점에 있어서 음압레벨의 평균치를 말하고 데시벨[dB]로 표시한다.

출력 음압 주파수특성

스피커에 지정된 일정 전압의 정형파를 가할 때 기준 축의 기준점에 있어서의 음압 레벨의 주파수 특성을 말한다.

지향 주파수특성

스피커에 지정된 일정전압의 정현파를 가할 때 기준점으로부터 기준축에 대하여 지정된 각도의 방향으로 지정된 점에 있어서 음압 레벨의 주파수 특성을 말한다.

고조파 기본특성

기본파의 배수가 되는 주파수가 고조파이다. 기본파가 20Hz라 하고 40Hz, 60Hz는 제2고조파, 제3고조파라 한다. 스피커의 재생 없이 기본파만 재생시켜야 좋으나 실제로는 고조파가 발생되어 왜율에 영향력을 미친다.

음향렌즈(acoustic lens: diffuser)

음파를 굴절시켜 확산시키는 역할로써 통상 스피커의 전면에 부착하여 지향 특성을 개선함.

위상 반전형(bass-reflex type)

스피커의 배면으로 나오는 음의 위상을 반전시켜 DUCT HOLE을 통해 나오는 음과 스피커 전면에서 나오는 음의 위상을 같이 앞으로 방사시킴으로 저음 보상 효과를 내는 방식이다.

Passive Radiator

Bass-Reflex형 Cabinet(enclosure)의 Duct에 상당하는 작용을 하며 진동판(콘지)만이 있는 스피커를 말함.

Bookshelf Type

스피커 시스템의 뒷면을 제외하고 전 표면의 외관을 꾸민 형태로 시스템을 세우거나 뉘어서도 설치 가능하게 한 시스템을 말함.

밀폐형(air tight type)

스피커 배면을 완전히 밀폐한 Cabinet으로서 스피커의 전면으로부터 방사시킨 음을 이용하는 시스템을 말함.

Floor Type

스피커 시스템의 밑면 쪽에 받침부가 부착되어 있는 형태로 지정되어 있는 한 면으로만 설치 가능하게 한 시스템을 말함.

Voice Coil

음성 전류에 따라서 올바르게 그 축 방향으로 기계 진동을 발생시키는 부분.

WOOFER
저음용 스피커를 말함

MID-RANGE
중음용 스피커를 말함

TWEETER
고음용 스피커를 말함.

CONE TYPE SPEAKER
SPEAKER의 진동판의 모양이 원추형으로 되어 있고 진동판에서 직접 공간으로 음을 방사하는 형식의 SPEAKER이다.

HORN TYPE SPEAKER
단면적의 다른 관(hone)을 진동판에 붙여서 진동판에서 나온 음을 보다 유효하게 공간에 방사하도록 고려된 SPEAKER이다.

MULTIWAY SPEAKER SYSTEM
가청 주파수 대역을 여러 개의 대역으로 분할하여 그 부분의 전용 SPEAKER를 사용하여 재생시키는 방식을 말함.

NETWORK
주파수 대역을 분할하여 주는 부분으로서 일반적으로 코일, 저항, 콘덴서로서 구성 설계되어 있다.

3WAY 3SPEAKER SYSTEM

주파수 대역을 3부분으로 분할하여 저음, 중음, 고음의 SPEAKER UNIT로서 작동하는 시스템을 말한다.

LEVEL CONTROL

MULTIWAY SPEAKER SYSTEM에 있어서 SPEAKER UNIT의 음량을 조절할 수 있는 장치.

DAMPING FACTOR(D.F)

SPEAKER의 IMPEDANCE(Zi)와 AMP의 출력 IMPEDANCE(Zo)의 비를 말한다.

$$D.F(제동계수) = \frac{Zi}{Zo}$$

저음의 재생은 SPEAKER와 CABINET, LISENING ROOM에 따라 결정되나 AMP출력 IMPEDANCE에 따라서도 변한다. 즉 댐핑팩터가 작으면 AMP의 출력 IMPEDANCE가 크며 저음의 명확성이 나쁘게 된다. D.F가 10 이상이면 AMP의 출력 IMPEDANCE가 저음 재생에 주는 영향은 무시할 수 있다. DAMPING FACTOR가 필요 이상으로 크면 과제동이 되어 버린다.

SPEAKER 능률

SPEAKER에 인가된 전기신호가 얼마나 많이 소리의 신호로 바뀌어지는가를 말한다. 즉 스피커의 출력음압레벨이 높으면 능률이 좋다고 할 수 있다. 일반적으로 가정용으로는 90dB가 가장 이상적이라

할 수 있다.

SPEAKER 극성

스피커 단자에 건전지의 정극성을 순간적으로 접촉하여 보면 스피커 UNIT의 진동부가 전면으로 튀어 나오며, 역극성으로 접촉하여 보면 SPEAKER의 진동부가 들어가는 현상이 나타난다. 여러 개의 SPEAKER SYSTEM을 연결할 때 극성에 유의해야 하며 특히 STEREO의 R, L의 극성이 다르면 음의 청취 효과가 나쁘다.

암 소음

어떤 소리를 대상으로 하였을 때, 그 소리가 없을 때의 그 장소에 있어서의 순수한 소음

소리의 강도

음장 주위 한 점에 있어서, 음파의 지향 방향에 수직인 단위면적을 단위시간에 통과하는 음파의 에너지(양기호는 I 또는 J, 단위기호는 W/m^2)

음향 출력

단위시간에 음원이 방사하는 음파의 전체 에너지(기호P 또는 Pa 단위기호는 W)

소리의 크기

소리의 강도에 관한 청감상의 속성. 소로부터 대에 이르는 척도상

으로 배열된다. 1) 양기호는 N, 단위는 손. 2) 소리의 크기 레벨 40인 소리를 1손으로 하고, 정상적인 청력을 가진 사람이 그 n배의 크기로 판단하는 소리의 크기를 n손이라고 정의한다.

소리 크기의 레벨

어떤 소리에 대하여 정상적인 청력을 가진 사람이 그 소리와 같은 크기로 들린다고 판단한 1000Hz의 순음의 음압 레벨.

소리크기의 등감 곡선

정상적인 청각을 가진 사람이 같은 크기로 느끼는 순음의 음압 레벨을 주파수의 함수로 표시한 곡선.

다중 벽

특히 고주파의 차음을 목적으로 하여 사용되는 것이며, 단일 재료 벽을 다중으로 사용하여 그 사이에 공간을 둔 구조.

간섭

동일한 장소에 동시에 도착한 동일 주파수(진동수)의 2개 이상의 파가 서로 강하게 되기도 하고 약하게 되기도 하는 현상.

회절

반사나 굴절 이외에 장애물이나 매질의 불균일성에 의하여 진행방향이 다른 s파를 발생시키는 현상.

음속

매질 내를 소리가 전파되는 속도, 음속을 c라고 하면 $c(K/\rho)1/2$로 표시된다. 여기에서 K: 매질의 부피 탄성률 ρ: 밀도(공기 중에서는 표준 상태에서 약 340m/s)

순음

순간 음압이 단일 시간의 정현 함수인 소리(pure sound)

가청 주파수

정상적인 청력을 가진 사람이 들을 수 있는 주파수(진동수). 대략 20Hz로부터 20KHz까지의 주파수

방음벽

차음의 목적으로 바깥둘레에 설치되어 있는 벽.

차음커버

음원을 각종 차음재로 둘러싼 것.

제진재

진동에너지를 열에너지로서 흡수하는 재료.

방진재

진동 전달을 막는 재료. 금속스프링, 고무스프링 등이 있다.

흡음재
소리 에너지를 열에너지로서 흡수하는 재료.

차음재
소리 에너지를 반사, 흡수함으로써 소리의 전파를 방지하는 재료.

최대가청
소리의 감각 이외에 다른 감각, 예를 들면 아픈 감각 등을 일으키게 하는 가청 주파수 내 음압의 최소 실효치.

옥타브
2개 진동의 진동수비가 2:1일 때의 진동수의 간격

지향성
반향에 따라 수음체의 감도 또는 발음체의 방사압이 변화하는 성질

잔향시간
실내의 소리의 에너지 밀도가 정상적인 상태에 있을 때 음원이 정지한 후 60dB만큼 감소하는 시간

공기전파음
공기를 매질로 하여 전파하는 것

음장

음파가 존재하는 공간, 자유 음장과 확산 음장이 있다.

백색잡음(white noise)

진동수 전역에 걸친 임의의 부분에서 일정폭의 진동수 대역당 에너지가 같은 잡음.

핑크잡음(pink noise)

어떤 대역폭과 그 중심 주파수의 비를 일정하게 잡으면 대역폭과 잡음이 일정하게 되는 잡음.

권오균
(權五均)

•약 력•

경희대학교 전자공학과 / 공학박사
경희대학교 전자정보대학 SoC Labs
대한전자공학회 정회원
한국음향학회 정회원
AES Member

•주요경력•

보고산업(주) 삼협전자공업(주) 개발실
동방음향(주) 그린테크(주) 연구소장
북두음향(주) 충주전자(주) 기술고문
한국스프라이트(주) 대표이사
기술혁신개발 / 전자부품소재개발 기술평가위원
경기안양벤처협회 이사
경기기술혁신기업협회 이사
'08 과학의날 교육과학기술부장관 표창

•주요특허및 논문•

특허 제514601호 "멀티채널 스피커 시스템의 결선방법과 장치"
특허 제542560호 "통합 스피커 제어 시스템"
특허 제712935호 "다채널 디지털 시리얼 음향신호 압축 및 패킷 구현 방법"
특허 제047920호 "스피커 자동 고장 진단 시스템"

- Serial Connection Technique of Speakers for Multi-Channel Audio Systems. IEEE Transactions on Consumer Electronics. Vol. 51, No.2, May 2005.
- Serial Connection of Speakers for Multi-Channel Audio System SoC Conference Kyushu-Univ Japan. Nov, 2003
- Implementation of a Quantization Algorithm for SMF(Standard MIDI File) IEEK Conference III, 2003
- Design of an Omni-directional Speaker System for Personal Computers Proceedings of the IEEK Conference IV, 2003
- Serial Transmission of Audio Signals for Multi-channel Speaker System (한국음향학회 2005)
- Design of an S/PDIF 7.1channel Digital Amplifier for Hometheater Speaker (한국음향학회 2007)
- SoC Design of Self-Diagnosing Speaker Connection System (한국음향학회 2007)

외 다수

디지털 음향기술의
멀티채널 스피커 시스템 설계

• 초판 인쇄   2008년 8월 30일
• 초판 발행   2008년 8월 30일

• 지 은 이   권오균
• 펴 낸 이   채종준
• 펴 낸 곳   한국학술정보㈜
            경기도 파주시 교하읍 문발리 513-5
            파주출판문화정보산업단지
            전화 031) 908-3181(대표) · 팩스 031) 908-3189
            홈페이지 http://www.kstudy.com
            e-mail(출판사업부) publish@kstudy.com
• 등   록   제일산-115호(2000. 6. 19)
• 가   격   23,000원

ISBN   978-89-534-9946-1 93500 (Paper Book)
        978-89-534-9947-8 98500 (e-Book)